航空自衛隊「装備」のすべて

「槍の穂先」として日本の空を守り抜く

赤塚 聡

SB Creative

はじめに

　航空自衛隊にとって、2016年は近年になくトピックの多い年でした。まず1月末には南西方面の脅威に対応するため、築城基地（福岡県）に配置されている第304飛行隊を那覇基地（沖縄県）へ移動させて、従来のF-15イーグル1個飛行隊から2個飛行隊編成へと体制を増強した**第9航空団**が新編されました。この第304飛行隊の移動により築城基地に生じた穴を埋めるべく、6月末に三沢基地（青森県）からF-2を装備する第8飛行隊が築城基地へ移動しました。

　また西方の防空能力を高め、同時に老朽化により減勢が進むF-4ファントムの一元的な管理を行うため、F-15を装備する百里基地（茨城県）の第305飛行隊と、F-4を装備する新田原基地（宮崎県）の第301飛行隊を入れ替える形で再編しました。航空自衛隊の歴史の中でも、これほどまでに短期間で飛行隊の移動や入れ替えが行われた例はありません。

　そして9月23日にはアメリカのロッキード・マーチン社のフォートワース工場において、航空自衛隊向けのF-35Aの初号機がロールアウトしました。本格的なステルス性と高いネットワーク交戦能力を持つF-35Aの導入は、航空自衛隊の歴史にとって大きなマイルストーン

のひとつになりました。

　さらに12月に決定された2017年度の防衛予算では、KC-46A空中給油・輸送機をはじめ、サイテーション680A飛行点検機やRQ-4Bグローバルホーク滞空型無人機などの新しい機種が予算化されました。

　そして忘れてならないのは、2016年度の緊急発進（スクランブル）の回数が、1958年の対領空侵犯措置任務の開始以来で最多となる1,168回を数えたことです。このうち中国機に対する緊急発進は7割を超えており、いかに南西地域の緊張が高いレベルにあるかをうかがい知ることができます。

　1回の緊急発進では原則的に2機の戦闘機が発進しますが、一度に1時間程度の飛行に留まったとしても、緊急発進のためにかなりの飛行時間とコストが割かれています。どんな機体でも飛行可能な寿命は有限であり、このペースで緊急発進が行われれば、保有する戦闘機の退役ペースが早まることも考えられます。

　さて、航空自衛隊は与えられた任務を遂行するために様々な装備を保有しています。本書ではその中でも特に重要な航空機や防空関連の装備、航空機搭載用装備、そして将来導入が予定されている航空機などについて紹介しています。

　この他にも、航空機の管制に使用されるレーダーや通信に関する装備、基地防衛用の火器、各種の車両、そ

して個人装備などがありますが、ここでは紙数の関係もあり割愛しています。

　それぞれの装備については平易な解説にとどめていますので、より専門的な解説を求める方にとっては少々物足りないかもしれません。しかしながら、装備に限らず組織の編成や各飛行部隊の概要や歴史についても紹介していますので、本書は航空自衛隊について体系的な知識を深める一助になるのではないかと考えています。

　航空自衛隊の各基地では年に一度、基地を一般に公開するイベント（航空祭）が開催されています。そこでは航空機や装備品などが展示されるほか、実際に航空機によるデモフライトなどが実施されます。

　開催スケジュールは、航空自衛隊のホームページ（http://www.mod.go.jp/asdf/）などに掲載されていますので、本書を片手にぜひ訪れてみてください。

2017年4月　赤塚 聡

著者プロフィール

赤塚 聡（あかつか さとし）

1966年、岐阜県生まれ。航空自衛隊の第7航空団（百里基地）でF-15Jイーグルのパイロットとして勤務。現在は航空カメラマンとして航空専門誌などを中心に作品を発表するほか、執筆活動や映像ソフトの監修なども行っている。日本写真家協会（JPS）会員。おもな著書は『ドッグファイトの科学』『ブルーインパルスの科学』（サイエンス・アイ新書）、『航空自衛隊の翼 60th』（イカロス出版）。

本文デザイン・アートディレクション：クニメディア株式会社
校正：曽根信寿

CONTENTS

航空自衛隊「装備」のすべて
「槍の穂先」として日本の空を守り抜く

はじめに 2

Chapter 1　航空自衛隊とは？ 9

1-1　航空自衛隊の任務
　　　　我が国の空を守る唯一の組織 10

1-2　航空自衛隊の装備の歴史
　　　　1954年の発足以来、着実な歩みを続ける 12

1-3　航空自衛隊の組織
　　　　4つのメジャーコマンドと防衛大臣直轄部隊 14

1-4　我が国を取り巻く環境
　　　　不安定さを増す我が国周辺の安全保障環境 18

1-5　防空作戦の流れ
　　　　発見→識別→要撃→撃破のプロセス 20

1-6　災害派遣や国際貢献での活動
　　　　防衛任務だけでなく、災害時の人命救助に活躍 ... 22

Column1　緊急発進（スクランブル）
　　　　近年は南西方面で急増 24

Chapter 2　航空機 25

2-1　航空自衛隊が装備する航空機
　　　　任務に対応するために様々な航空機を装備 26

2-2　F-15J/DJ戦闘機①
　　　　1980年代に導入された主力戦闘機 28

2-3　F-15J/DJ戦闘機②
　　　　近代化改修により、さらなる能力向上を果たす ... 30

2-4　F-2A/B戦闘機①
　　　　日米の最先端技術を結集して開発された戦闘機 ... 32

2-5　F-2A/B戦闘機②
　　　　航空自衛隊初の本格的な多用途戦闘機 34

2-6　F-4EJ戦闘機①
　　　　本格的な要撃戦闘機の標準を築いた名機 36

2-7　F-4EJ戦闘機②
　　　　近代化改修により延命と能力向上を果たした 38

2-8　F-35A戦闘機
　　　　航空自衛隊初のステルス戦闘機 40

2-9　RF-4E/EJ偵察機
　　　　航空自衛隊が唯一導入した偵察専用機 42

2-10　E-2C早期警戒機
　　　　航空自衛隊初の早期警戒機 44

2-11　E-767早期警戒管制機
　　　　高度な警戒管制機能を持つ空飛ぶレーダーサイト ... 46

2-12　EC-1、YS-11EA/EB電子戦機
　　　　現代の戦闘に不可欠な各種の電子戦機 48

2-13　C-1輸送機
　　　　離着陸性能と機動性に優れた国産輸送機 50

2-14　C-2輸送機
　　　　優れた搭載能力と航続性能を有する国産輸送機 ... 52

SB Creative

CONTENTS

2-15 C-130H輸送機
国外運航任務にも活躍する傑作戦術輸送機 ……… 54

2-16 KC-767空中給油・輸送機
航空自衛隊初の空中給油・輸送機 ……… 56

2-17 YS-11輸送機
戦後初めて開発された国産中型輸送機 ……… 58

2-18 B-747特別輸送機
初めて導入された日本の"エアフォース・ワン" ……… 60

2-19 CH-47J輸送ヘリコプター
大きな搭載力を誇る唯一の輸送ヘリコプター ……… 62

2-20 UH-60J救難ヘリコプター
世界20か国以上で活躍する軍用ヘリの決定版 ……… 64

2-21 U-125A捜索救難機
航空自衛隊初のジェット捜索救難機 ……… 66

2-22 U-125飛行点検機
空の安全を守る飛行点検機 ……… 68

2-23 U-4多用途支援機
海外運航任務でも活躍する多用途機 ……… 70

2-24 T-7練習機
空自パイロットが初めて搭乗するプロペラ練習機 ……… 72

2-25 T-4練習機
操縦教育以外でも活躍する傑作練習機 ……… 74

2-26 T-400練習機
輸送機や救難機要員の教育に適した練習機 ……… 76

Column2 航空機のシリアルナンバー
数字を見るだけで機種などがわかる ……… 78

Chapter 3　防空装備 …… 79

3-1 自動警戒管制(JADGE)システム
我が国の防空の要となる指揮統制システム ……… 80

3-2 J/FPS-3、4固定式警戒管制レーダー
国内開発されたAPA方式の3次元レーダー ……… 82

3-3 J/FPS-5、7固定式警戒管制レーダー
弾道ミサイル防衛を担う新型の警戒管制レーダー ……… 84

3-4 J/TPS-102、J/TRQ-506
固定式の装備を代替、補完する移動式の装備 ……… 86

3-5 ペトリオット地対空誘導弾
航空機と弾道ミサイルの終末段階を迎撃 ……… 88

3-6 81式短SAM、基地防空用SAM
基地の防空を担う短射程の地対空ミサイル ……… 90

3-7 91式携SAM、対空機関砲VADS-1改
基地防空の最終段階を担う対空火器 ……… 92

Column3 航空自衛隊の車両
まさに「縁の下の力持ち」 ……… 94

Chapter 4　航空機に搭載する装備 …… 95

4-1 AIM-9L、AIM-7M空対空ミサイル
F-15Jと同時に導入された空対空ミサイル ……… 96

4-2	AAM-3、AAM-5空対空ミサイル
	進化を続ける国産の空対空ミサイル ……………………… 98
4-3	AAM-4空対空ミサイル
	国産初のアクティブ・レーダー誘導のAAM ……………… 100
4-4	ASM-1、ASM-2対艦ミサイル
	様々なバージョンに発展した国産のASM ………………… 102
4-5	GCS-1誘導装置、JDAM誘導爆弾
	誘導弾化により命中精度が向上した各種の爆弾………… 104
4-6	JM61A1機関砲、2.75inロケット弾
	機内に装備される機関砲と無誘導のロケット弾 ………… 106
4-7	J/AAQ-2、AN/AAQ-33ポッド
	悪条件下での航法や目標選定を実現 ……………………… 108
4-8	AN/ALQ-131、J/ALE-41ポッド
	電子対抗手段によって自身を守る装備 …………………… 110
4-9	ALE-40、45J、47ディスペンサー
	自衛用の囮を射出する、現代では必須の装備 …………… 112
4-10	AGTS-36曳航標的、JAQ-1水上標的
	射撃訓練に使用される各種の標的 ………………………… 114
4-11	J/AQM-1、2空対空標的
	自律して飛行する小型標的機………………………………… 116
Column4	パイロットの個人装備
	極限状況を様々な装備で支える …………………………… 118

Chapter 5　将来の装備 …………………………………… 119

5-1	E-2D早期警戒機
	さらに能力が向上した航空自衛隊の新しい眼 …………… 120
5-2	KC-46A空中給油・輸送機
	米空軍も導入予定の最新の空飛ぶタンカー ……………… 122
5-3	B777政府専用機、サイテーション680A
	2代目エアフォース・ワンと新しい飛行点検機 ………… 124
5-4	RQ-4B滞空型無人機、XASM-3対艦誘導弾
	空自初の実用無人機と新型の高性能ASM ……………… 126
5-5	X-2先進技術実証機
	ステルス性と高運動性を両立した技術実証機 …………… 128
Column5	将来戦闘機の研究開発
	遠い未来までを見据えて計画される ……………………… 130

Chapter 6　さまざまな飛行部隊 ……………………………131

6-1	航空総隊
	航空自衛隊の主任務を担当する最前線の組織 …………… 132
6-2	第2航空団
	北の最前線に置かれた空自初の戦闘航空団 ……………… 134
6-3	第3航空団
	支援戦闘を主任務としてきた戦闘航空団 ………………… 136
6-4	第5航空団
	西部航空方面隊で唯一F-15を装備 ………………………… 138
6-5	第6航空団
	日本海側に配置された唯一の戦闘航空団 ………………… 140

- 6-6 **第7航空団**
  首都圏防空の重責を担う戦闘航空団 ……… 142
- 6-7 **第8航空団**
  F-2を集中配備して、西方の守りを固める ……… 144
- 6-8 **第9航空団**
  南西地域の最前線を担う戦闘航空団 ……… 146
- 6-9 **偵察航空隊**
  航空自衛隊唯一の航空偵察部隊 ……… 148
- 6-10 **警戒航空隊**
  上空から我が国を見守り続ける警戒管制部隊 ……… 150
- 6-11 **航空戦術教導団**
  戦術の研究や部隊への教導を担う精鋭集団 ……… 152
- 6-12 **航空救難団**
  「他を生かすために」を信条に活動する救難部隊 ……… 154
- 6-13 **航空方面隊司令部支援飛行隊(班)**
  各方面隊の連絡や訓練の支援を担当する部隊 ……… 156
- 6-14 **航空支援集団**
  航空自衛隊の後方支援を担当する専門組織 ……… 158
- 6-15 **第1輸送航空隊**
  国際貢献活動でも活躍する航空輸送部隊 ……… 160
- 6-16 **第2輸送航空隊**
  通常の航空輸送任務に加えて要人輸送も担当 ……… 162
- 6-17 **第3輸送航空隊**
  輸送機などの要員教育も担当する航空輸送部隊 ……… 164
- 6-18 **特別輸送航空隊**
  日本のエアフォース・ワンを運用する航空輸送部隊 ……… 166
- 6-19 **飛行点検隊**
  航空保安施設を点検し、空の交通の安全を守る ……… 168
- 6-20 **航空教育集団**
  航空自衛隊の教育を一元的に実施する組織 ……… 170
- 6-21 **第1航空団**
  空自発祥の地で飛行教育を行う最初の航空団 ……… 172
- 6-22 **第4航空団**
  戦技教育部隊とブルーインパルスを擁する航空団 ……… 174
- 6-23 **第11飛行教育団**
  学生パイロットの最初の操縦教育を担当 ……… 176
- 6-24 **第12飛行教育団**
  航空学生や飛行訓練開始前の地上教育も担当 ……… 178
- 6-25 **第13飛行教育団**
  一貫してジェット機による操縦教育を担当 ……… 180
- 6-26 **飛行教育航空隊**
  F-15を使用した戦技教育を実施する飛行部隊 ……… 182
- 6-27 **航空開発実験集団**
  空自の様々な装備品の研究開発や試験を担当 ……… 184
- 6-28 **飛行開発実験団**
  航空機や搭載装備品の開発・試験を担当 ……… 186

参考文献 ……… 188
索引 ……… 189

Chapter

1

航空自衛隊とは？

我が国の空を守る航空自衛隊は、1954年に発足しました。ここではその任務や歴史、組織の概要、そして作戦の流れなどについて解説します。

1-1 航空自衛隊の任務
我が国の空を守る唯一の組織

　航空自衛隊(JASDF[※1])の任務は、空からの侵略を未然に防ぎ、万一侵略を受けた場合はそれを排除して、日本の平和と安定、そして独立を守ることにあります。

　自衛隊の任務や部隊の組織・編成などを定めた自衛隊法の第3条には「自衛隊は、我が国の平和と独立を守り、国の安全を保つため、我が国を防衛することを主たる任務とし、必要に応じ、公共の秩序の維持に当たるものとする」、また「航空自衛隊は主として空において行動することを任務とする」(一部略)と規定されています。

　現代の戦いでは、空において相手の戦力を上回り、大きな損害を受けることなく作戦が遂行できる**航空優勢**の獲得が極めて重要です。これは陸上または海上の部隊が実施する作戦にも大きな影響を与えるため、航空自衛隊の果たすべき役割は極めて大きく、まさに日本の防衛の鍵を握っている存在だと言えます。

　航空自衛隊が実施するミッション(任務)を具体的に見ていくと、次のようなものがあります。

●防空

　空からの侵略に対して、できる限り国土から離れた空域で迎え撃ち、我が国に対する被害を防ぎます。また敵に大きな損害を与えて、空からの攻撃の継続を困難にするための作戦を実施します。そのため24時間365日、一時も休むことなく我が国の周辺空域の**警戒監視**を実施し、国籍不明機や他国の軍用機が領空に接近する恐れがある場合は、戦闘機を**緊急発進**(**スクランブル**)

※1　JASDF : Japan Air Self-Defense Force
※2　PKO : Peace-Keeping Operations

させて対処します（**対領空侵犯措置任務**）。

また我が国に向けて弾道ミサイルなどが発射された場合は、地上の警戒管制部隊がミサイルを追尾する一方で、海上自衛隊のイージス艦と連携して地対空誘導弾（ミサイル）により迎撃する、**弾道ミサイルなどに対する破壊措置**を実施します。

● **大規模災害など各種事態への対応**

大規模な災害などの事態が発生した場合は、地方公共団体などと連携して、被災者や遭難した船舶、航空機の捜索・救助をはじめ、人員や物資の輸送、そして医療といった様々な活動を実施します。

● **安全保障環境の構築**

国際平和協力（PKO[※2]）業務を通じて国際社会の平和と安定のための活動を実施するほか、海外で災害が発生した場合に救援を行う国際緊急援助活動も実施します。

スクランブルが下令され、機体に向けて駆け出すパイロット。5分以内に離陸することが求められている

1-2 航空自衛隊の装備の歴史

1954年の発足以来、着実な歩みを続ける

　航空自衛隊は、防衛庁設置法を受けて1954年7月1日に発足しました。陸上自衛隊や海上自衛隊のように、警察予備隊や海上警備隊などの前身となる組織を持つことなく新設されましたが、その設立にはアメリカ軍の協力を受けています。

　発足時の組織は、越中島（東京都）の防衛庁（現：防衛省）に置かれた航空幕僚監部と松島基地（宮城県）の臨時松島派遣隊だけでしたが、今日まで着実に組織や装備が整備され、我が国の防衛体制が維持されてきました。

　当初の保有機はT-34Aメンターや T-6テキサン、T-33Aシューティングスターなどの練習機をはじめ、C-46Dコマンド輸送機など約150機で、国産のKAL-2連絡機の1機以外はすべてがアメリカ空軍からの供与機でした。

　1958年度からスタートした第一次**防衛力整備計画**（一次防）では、1962年度末までに33個の飛行部隊と約1,300機の航空機の整備を目指したのをはじめ、F-86Fセイバーに代わる次期主力戦闘機として、F-104Jスターファイターが選定されました。

　続く1962年度から1966年度までの二次防では、MIM-3ナイキ地対空誘導弾による4個の高射部隊と約1,000機の航空機の整備などが計画されました。

　1967年度から1971年度までの三次防では、次期主力戦闘機としてF-4EJファントムⅡが選定されたほか、国産のT-2超音速練習機やC-1輸送機の開発計画が進められました。また**BADGE**※**システム**と呼ばれる自動警戒管制組織の国産化も行われました。

　そして1972年度から1976年度までの四次防では、F-4EJ戦闘

※　BADGE : Base Air Defense Ground Environment

機に加えてRF-4E偵察機やT-2練習機から発展した国産のF-1支援戦闘機、C-1輸送機などの導入が進められました。

1977年度からの防衛計画は、従来の5か年から数年単位の**中期業務見積**という形に変更され、1985年度までの4回にわたる計画で、F-15Jイーグル戦闘機やE-2Cホークアイ早期警戒機、C-130Hハーキュリーズ輸送機、CH-47Jチヌーク輸送ヘリコプターの導入をはじめ、T-4練習機の国内開発が進められました。

1986年度からは**中期防衛力整備計画**（中期防）と呼ばれる5か年の計画に戻され、MIM-14ナイキJ地対空誘導弾に代わるペトリオットの導入や、F-1に代わるF-2支援戦闘機の国内開発が進められたほか、E-767早期警戒管制機やKC-767空中給油・輸送機など、新しい用途の機体が導入されています。また救難機や練習機もU-125AやUH-60J、T-7などに機種更新されました。

現在の2014年度から2018年度までの中期防では、F-35AライトニングⅡ戦闘機やE-2Dアドバンスド・ホークアイ早期警戒機、KC-46Aペガサス空中給油・輸送機をはじめ、国内開発したC-2輸送機の導入も進められています。

1960年4月に発足した空中機動研究班（初代ブルーインパルス）は、1982年に後継のT-2練習機にその座を譲るまで、発足当時の主力戦闘機だったF-86Fセイバーを使用した

写真：航空自衛隊

1-3 航空自衛隊の組織
4つのメジャーコマンドと防衛大臣直轄部隊

　航空自衛隊では、任務を遂行するために様々な部隊を編成しています。全国70か所以上の基地などにおいて、約47,000人の隊員と約3,200人の事務官が、約800機の航空機や地対空ミサイル、警戒管制レーダーなどの運用や支援にあたっています。

　防衛大臣は陸・海・空の3自衛隊の最高指揮官である内閣総理大臣のもとで自衛隊の隊務を統括しますが、その指揮監督を航空幕僚長率いる航空幕僚監部が補佐します。それぞれの部隊は任務に応じてひとつの大きなグループ(メジャーコマンド)に集約されており、航空総隊をはじめ航空支援集団、航空教育集団、航空開発実験集団、その他の防衛大臣直轄部隊などが編成されています。

　航空総隊は戦闘機や早期警戒機、救難捜索機、地対空ミサイル、そして警戒管制組織を運用しており、防空や航空作戦任務の全般を担当しています。

　航空支援集団は輸送機による航空輸送や航空管制、気象、飛行点検など、航空作戦を実施する航空総隊を支援する任務を担当しています。

　航空教育集団は練習機による操縦教育をはじめ、航空自衛隊員のあらゆる教育を一元的に担当しています。

　航空開発実験集団は航空機や装備品の開発のほか、航空医学や人間工学の研究・実験を担当しています。

　このほかにも、部隊の運用に必要な機材や物資の調達から保管、補給、そして整備を担当する**補給本部**や、防衛大臣の直轄部隊などが編成されています。

航空自衛隊の飛行部隊配置（2016年度末）

三沢基地
- 第3航空団　第3飛行隊
- 第3航空団　北空支援飛行班
- 警戒航空隊　第601飛行隊
- 航空救難団　三沢ヘリコプター空輸隊

秋田分屯基地
- 航空救難団　秋田救難隊

新潟分屯基地
- 航空救難団　新潟救難隊

小松基地
- 第6航空団　第303飛行隊
- 第6航空団　第306飛行隊
- 航空戦術教導団　飛行教導群
- 航空救難団　小松救難隊

美保基地
- 第3輸送航空隊　第403飛行隊
- 第3輸送航空隊　第41教育飛行隊

防府北基地
- 第12飛行教育団

春日基地
- 西空司令部支援飛行隊
- 航空救難団　春日ヘリコプター空輸隊

芦屋基地
- 第13飛行教育団
- 航空救難団　芦屋救難隊

築城基地
- 第8航空団　第6飛行隊
- 第8航空団　第8飛行隊

岐阜基地
- 飛行開発実験団

小牧基地
- 第1輸送航空隊　第401飛行隊
- 第1輸送航空隊　第404飛行隊
- 航空救難団　救難教育隊

新田原基地
- 第5航空団　第305飛行隊
- 飛行教育航空隊　第23飛行隊
- 航空救難団　新田原救難隊

那覇基地
- 第9航空団　第204飛行隊
- 第9航空団　第304飛行隊
- 第9航空団　南西支援飛行班
- 警戒航空隊　第603飛行隊
- 航空救難団　那覇救難隊
- 航空救難団　那覇ヘリコプター空輸隊

千歳基地
- 第2航空団　第201飛行隊
- 第2航空団　第203飛行隊
- 特別航空輸送隊　第701飛行隊
- 航空救難団　千歳救難隊

松島基地
- 第4航空団　第11飛行隊（ブルーインパルス）
- 第4航空団　第21飛行隊
- 航空救難団　松島救難隊

百里基地
- 第7航空団　第301飛行隊
- 第7航空団　第302飛行隊
- 偵察航空隊　第501飛行隊
- 航空救難団　百里救難隊

入間基地
- 中空司令部支援飛行隊
- 航空戦術教導団　電子作戦群
- 航空救難団　入間ヘリコプター空輸隊
- 第2輸送航空隊　第402飛行隊
- 飛行点検隊

静浜基地
- 第11飛行教育団

浜松基地
- 第1航空団　第31教育飛行隊
- 第1航空団　第32教育飛行隊
- 警戒航空隊　第602飛行隊
- 航空救難団　浜松救難隊

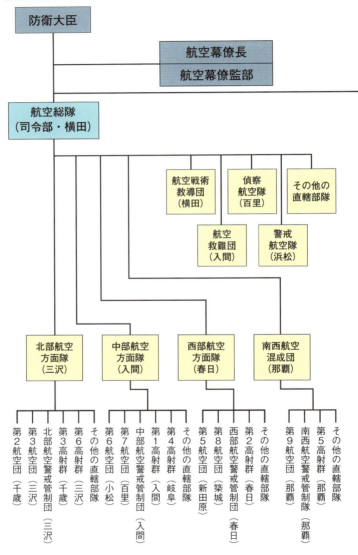

Chapter 1 航空自衛隊とは？

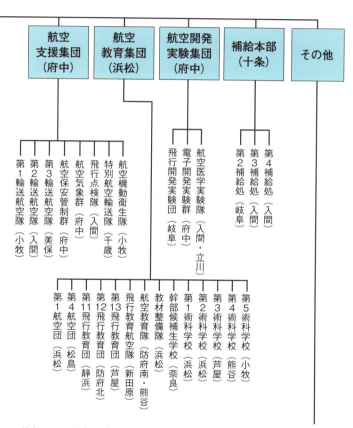

航空システム通信隊（市ヶ谷）、航空警務隊（市ヶ谷）、航空安全管理隊（立川）、情報保全隊（市ヶ谷）、航空中央音楽隊（立川）、航空中央業務隊（市ヶ谷）、幹部学校（目黒）、自衛隊三沢病院（三沢）、自衛隊岐阜病院（岐阜）、自衛隊那覇病院（那覇）

1-4 我が国を取り巻く環境
不安定さを増す我が国周辺の安全保障環境

　近年、我が国を取り巻く安全保障環境は、様々な問題や不安定要素が顕在化・先鋭化してきています。

　北朝鮮による核兵器や弾道ミサイルの開発をはじめ、中国による東シナ海と南シナ海での独自の主張に基づく力による現状変更の試みは、国際社会でも懸念されています。また、ロシアも極東地域において大規模演習や部隊展開を実施するなど、予断を許さない状況が続いています。

　これは大規模な軍事力を有する国家が集中する一方で、外交をはじめ安全保障面での地域協力の枠組みが十分に制度化されていないため、領土問題をはじめとする不透明で不確実な要素が、まだ数多く残されていることが主な要因となっています。

　領土や主権、経済権益などをめぐって、平時とも有事とも言えないグレーゾーンの事態も増加・長期化する傾向にあります。

　特に南西地域では、2012年12月に生起した中国のY-12輸送機による尖閣諸島での領空侵犯をはじめ、翌年の中国による**防空識別圏（ADIZ※）**の設定など、活発化する中国の動きに対する航空自衛隊の戦闘機による緊急発進の回数が急増しています。

　航空自衛隊では1958年から、戦闘機による24時間体制の警戒待機任務を開始しました。東西冷戦の緊張が高まる1970年代後半から年間の緊急発進回数が800回を超える状況が続きましたが、1991年のソビエト連邦の崩壊により急減してからは、年間200回以下で推移していました。しかし2012年ごろから再び急増して、2016年度には過去最高を300回近く上回る1,168回に達し、そのうちの7割以上が中国機に対する緊急発進でした。

※　ADIZ：Air Defense Identification Zone

我が国および周辺国の防空識別圏（ADIZ）

出典：平成26年版防衛白書

海岸線から12海里（nm）で設定される領空（領海）とは異なり、ADIZは防空のために各国が独自に設定する空域であり、国家の主権は及ばない。我が国周辺のADIZは、韓国と台湾とは互いに接する形で重複する部分はなかったが、2013年11月に中国が尖閣諸島を含む形でADIZを重ねて設定してきたことに対抗して、韓国も南側にADIZを拡大した（図中の破線部分）

2016年度末までの緊急発進実施状況

出典：統合幕僚監部

1-5 防空作戦の流れ

発見→識別→要撃→撃破のプロセス

周囲を海に囲まれた海洋国家である我が国に対する武力攻撃が行われる場合は、まず航空機やミサイルによる急襲的な航空攻撃が行われ、以降は航空攻撃が反復して行われるなか、海上または空から地上部隊を上陸させて侵攻するというシナリオが想定されます。

防空のための作戦は、侵攻側が主体的に作戦の開始時期や地域、方法などを選択できるのに対して、受動的な対応にならざるを得ないことから、初動対応の適否が作戦全般に大きな影響を与えます。そのため普段から**即応態勢**を維持して、**継続的な情報の入手や警戒監視**が欠かせません。

我が国の防空は、以下のような流れで実施されています。

・侵入する航空機などの発見

旅客機クラスの巡航速度の機体でも、領空侵犯から約1分半で領土の上空まで到達してしまいます。そのため防空識別圏を設定し、航空警戒管制部隊のレーダーや早期警戒管制機などによって周辺の全域を常時監視し、侵入する航空機などを可能な限り早く発見します。

・発見した航空機の識別

発見された航空機は、フライトプランの照合や敵味方識別装置(IFF[※1])などにより、敵か味方か(彼我)が識別されます。もし識別が困難な場合は、戦闘機を緊急発進させて目視などによって彼我を確認します。原則的に防空識別圏内を飛行する機体はすべて識別が行われています。

※1 IFF : Identification Friend or Foe
※2 CAP : Combat Air Patrol

・敵の航空機に対する要撃、そして撃破

　敵の航空機または巡航ミサイルだと判断された場合は、航空警戒管制組織によって、地上または空中警戒待機（CAP※2）で待機する戦闘機や地対空誘導弾部隊に、撃破すべき目標が割り当てられ、管制や誘導が行われます。

　要撃に向かった戦闘機は自機のレーダーで目標を捉えて、ミサイルなどで撃破します。また地上の地対空誘導弾部隊でも、最終的に自らのレーダーで目標を捉えて撃破します。

防空のための作戦の一例　　　　　　　　　　　　　　　出典：平成28年版防衛白書

注1　国土から離れた洋上における早期警戒管制機能を有し、地上の警戒管制組織を代替する管制能力を有する航空機。
注2　敵機の接近に即応できるよう、戦闘機を武装した状態で空中待機させておくこと。

1-6 災害派遣や国際貢献での活動
防衛任務だけでなく、災害時の人命救助に活躍

航空自衛隊は我が国の防衛以外にも、大規模な災害発生時の**災害派遣**をはじめ、国際平和協力（PKO）業務や国際緊急援助などの**国際貢献**の分野でも活躍しています。

大規模な災害派遣では、2011年3月11日に生起した東日本大震災での活動が記憶に新しいところですが、航空自衛隊は航空機や車両、人員などを被災地に投入し、同年8月末の活動の終結までに約3,400名におよぶ人命の救助をはじめ、2,174tの給水支援や、287,239食の給食支援、そして16,385人の入浴支援などを行っています。

なお、遭難した民間の船舶や航空機、人員の捜索・救助も、都道府県知事などからの要請により実施しているほか、小牧基地（愛知県）の航空機動衛生隊では、C-130H輸送機に搭載したコンテナ型の機動衛生ユニットにより重症患者の迅速な長距離搬送を担当するなど、その他にも各種の民生協力を行っています。

さらに航空自衛隊では、安定した安全保障環境の構築や人道的な観点から、国際貢献活動を積極的に行っています。

1992年9月のカンボジア国際平和協力業務への派遣以来、2011年から2017年5月まで実施される南スーダン国際平和協力業務まで、12回におよぶPKO業務や人道復興支援活動などを実施してきました。また国際緊急援助活動では、1998年11月のホンジュラスでのハリケーン災害以来、2015年4月のネパールの地震災害まで13回派遣されて、任務にあたっています。

航空自衛隊の主な活動内容は、いずれも物資や人員、機材などの空輸や隊員の派遣などです。

国際平和協力業務などの主な実績

2016年12月時点

1992年9月〜1993年9月	カンボジア国際平和協力業務（UNTAC）
1993年5月〜1995年1月	モザンビーク国際平和協力業務（ONUMOZ）
1994年9〜12月	ルワンダ難民救援国際平和協力業務（UNAMIR）
1996年2月〜2013年1月	ゴラン高原国際平和協力業務（UNDOF）
1999年11月〜2000年2月	東ティモール難民救援国際平和協力業務（UNTAET）
2001年10月6日〜10月12日	アフガニスタン難民救援国際平和協力業務
2001年11月〜2007年11月	テロ対策特措法に基づく活動
2002年2月	東ティモール国際平和協力業務
2003年7〜8月	イラク被災民救援国際平和協力業務
2003年12月24日〜2009年2月	イラク人道復興支援活動
2010年2月〜2013年1月	ハイチ国際平和協力業務
2011年1月〜	南スーダン国際平和協力業務

※国際平和協力活動は、2007年に付随的な業務から、我が国の防衛や公共の秩序の維持などの任務と並ぶ、自衛隊の本来任務に位置づけられた。

国際緊急援助活動の主な実績

2016年12月時点

1998年11月13日〜12月9日	ホンジュラス国際緊急援助活動（ハリケーン災害）
2001年2月	インド国際緊急援助活動（地震災害）
2003年12月30日〜2004年1月6日	イラン国際緊急援助活動（地震災害）
2005年1月6日〜3月18日	インドネシア国際緊急援助活動（地震・津波被害）
2005年10月12日〜12月2日	パキスタン国際緊急援助活動（地震災害）
2006年6月	インドネシア国際緊急援助活動（地震災害）
2010年1〜2月	ハイチ国際緊急援助活動（地震災害）
2010年8〜10月	パキスタン国際緊急援助活動（洪水被害）
2011年2〜3月	ニュージーランド国際緊急援助活動（地震被害）
2013年11〜12月	フィリピン国際緊急援助活動（台風被害）
2014年3〜5月	マレーシア国際緊急援助活動（捜索活動）
2014年12月	西アフリカにおけるエボラ出血熱の流行に対する国際緊急援助活動（感染症）
2015年4〜5月	ネパール国際緊急援助活動（地震災害）

現地の関係者と調整する派遣隊員
写真：航空自衛隊

積載される援助物資　写真：航空自衛隊

Column 1 緊急発進（スクランブル）
近年は南西方面で急増

　全国に配置されている7個の戦闘航空団では、戦闘機による警戒待機（アラート）任務を24時間365日にわたって実施しています。

　我が国の周囲に設定された防空識別圏（ADIZ）内を飛行する航空機の中で、敵か味方かの識別が困難な場合や領空侵犯の恐れがある場合などは、待機させている戦闘機を緊急発進（スクランブル）させて、彼我の識別や行動の監視を行います。

　この**対領空侵犯措置**と呼ばれる任務は、自衛隊法の第84条に基づいて実施され、対象機が領空に接近した場合は無線による**通告**などで進路の変更を促します。もし領空を侵犯した場合は、無線による**警告**で領空外への退去を命じますが、侵犯機が従わない場合は国際的なルールに則って、機関砲による信号射撃や機体を左右に振る機体信号などにより侵犯機を誘導し、基地に強制着陸させます。

　近年は別表に示したように、南西地域における中国機の行動が活発化しており、2016年度の緊急発進回数は、過去最高となる1,168回に達し、増加の一途を辿っています。

各方面隊別の緊急発進回数の推移

Chapter
2

航空機

航空自衛隊では、任務を遂行するために戦闘機をはじめ、早期警戒機や輸送機、救難機など様々な種類の機体を運用しています。ここでは現用の装備機種について解説します。

2-1 航空自衛隊が装備する航空機
任務に対応するために様々な航空機を装備

　航空自衛隊では与えられた任務を遂行するために、多種多様な用途の航空機を20機種以上保有しています。その内訳は次のようなものです。

●戦闘機（Fighter）：F-15J/DJ、F-2A/B、F-4EJ、F-35A

　航空機による我が国に対する脅威に対処するため、全国の戦闘航空団に配備されています。対領空侵犯措置任務を実施するため、24時間365日の待機に就いています。また侵攻を企てる艦艇や、着上陸した敵部隊に対する空からの阻止任務も担当します。

●偵察機（Reconnaissance）：RF-4E、RF-4EJ

　我が国の周辺の動向を偵察し、作戦に必要な情報の収集などを担当します。また災害発生時には、上空からの被害状況の確認なども実施します。

●早期警戒・電子戦機（Electronic）：E-2C、E-767、EC-1、YS-11EA/EB

　地上のレーダーサイトでは探知が困難な低高度を飛行する目標や艦艇などを監視したり、戦闘機を誘導する要撃管制を担当します。また我が国周辺の電磁波の使用状況を把握したり、電子妨害を受けた際の対処などの訓練を担当します。

●輸送機（Cargo）：C-1、C-2、C-130H、KC-767、B-747、YS-11

　物資や車両、人員などを空輸して、部隊などが行う通常の業務や作戦などを支援します。また国連の平和維持活動や国際緊急援助の際の空輸も担当します。

●回転翼機（Helicopter）：UH-60J、CH-47J

　ヘリコプターの特性を活かして、滑走路を持たない基地などに

対する物資や人員の空輸を担当します。また人員の救出や災害派遣任務では主力機としての役割を担っています。

●**練習機（T**rainer**）**：T-4、T-7、T-400

パイロットの操縦教育を担当します。最初に搭乗するプロペラ機からジェット機などの実用機へと段階的に移行できるような教育体系が構築されています。

●**多用途機（U**tility**）**：U-125、U-125A、U-4

捜索救難や指揮連絡、訓練支援、飛行点検など様々な任務を担当します。

それぞれの航空機には型式名が与えられていますが、名前の冒頭には原則的にその航空機の**任務や用途を示す英語の頭文字**が付けられています（赤字部分）。またEC-1のように、本来は輸送機として開発・運用された機体が電子戦機に転用された場合は、**2つの任務記号**が付けられています。なお型式名は、輸入された機体（ライセンス生産も含む）の場合は生産国での名称を継承し、末尾に日本（Japan）向けであることを表す"J"を付けるのが通例ですが、国内で独自に開発された機体の場合は、F-1やF-2というように、開発された順に応じて番号が与えられます。

航空自衛隊の飛行隊ナンバーと任務の区分（赤字部分は退役機）

第1～10飛行隊	:F-86F→F-1→F-2（旧：支援戦闘飛行隊）
第11飛行隊	:T-4（ブルーインパルス）
第21～23飛行隊	:T-2→F-2、F-15（戦闘機操縦教育飛行隊）
第31～35教育飛行隊	:T-33、T-4（基本操縦教育飛行隊）※34は欠番
第41教育飛行隊	:T-400（基本操縦教育飛行隊）
第101～105飛行隊	:F-86D（旧：要撃戦闘飛行隊）※104は欠番
第201～207飛行隊	:F-104→F-15（旧：要撃戦闘飛行隊）
第301～306飛行隊	:F-4→F-15（旧：要撃戦闘飛行隊）
第401～404飛行隊	:C-46→YS-11、C-1、C-130、U-4、KC-767、C-2（輸送飛行隊）
第501飛行隊	:RF-86→RF-4（偵察飛行隊）
第601～603飛行隊	:E-2、E-767（早期警戒飛行隊）
第701飛行隊	:B-747（特別輸送飛行隊）

2-2 F-15J/DJ戦闘機①(マクドネル・ダグラス[※1]/三菱)

1980年代に導入された主力戦闘機

1960年代に導入されたF-104J/DJスターファイター戦闘機の後継機として、1980年から導入が開始されたのが**F-15J/DJイーグル**です。強力な火器管制レーダーに加えて、新型の中射程および短射程の空対空ミサイルを4発ずつ搭載可能なほか、優れた運動性能を有しており、導入から35年以上が経過した現在でも、我が国の主力戦闘機として第一線で活躍しています。

それまでの戦闘機と同様に三菱重工業でライセンス生産され、単座のJ型が165機、そして複座のDJ型が48機の計213機が導入されました。

F-15はアメリカ空軍の要求に基づいて、アメリカのマクドネル・ダグラス(現:ボーイング)の手により、1970年代に開発されました。それまでの戦闘機は上昇・速度性能を追求し、遠方からの空対空ミサイルによる迎撃を主体としたミサイル・キャリアー的な性格の機体が開発されてきましたが、ベトナム戦争の教訓としてドッグファイト(格闘戦)にも優れた戦闘機が求められるようになったため、F-15では**速度性能だけでなく旋回性能などにも重点が置かれて開発**されました。

多くの電子機器や武装を搭載するため、機体は必然的に大型になりましたが、複合材やチタン合金を多用することで軽量かつ堅牢な機体構造を実現したほか、大面積のクリップト・デルタ翼の採用により、航空機の運動性にとって重要な翼面荷重の低減が図られています。また大推力のF100エンジンを2基装備することで大きな余剰推力を確保し、優れた上昇・速度性能に加えて、機動時のエネルギー損失も極めて少なくなっています。

※1 現:ボーイング

編隊で飛行する第2航空団(千歳基地)所属のF-15J。胴体下と主翼下に600ガロン増槽を3本搭載している。こうした大型の増槽が装備できるF-15は優れた航続性能を有している

F-15J近代化改修機のコクピットに収まるパイロット。この最新のヘルメット搭載型目標指定システム(JHMCS※2)では、眼前のバイザーに各種の情報が投影されるほか、後方象限の目標に対する格闘戦用ミサイルの照準が可能になっている

※2 JHMCS : Joint Helmet Mounted Cueing System

2-3 F-15J/DJ戦闘機② (マクドネル・ダグラス/三菱)

近代化改修により、さらなる能力向上を果たす

　F-15は開発当時の最先端の電子技術を駆使して、従来は専従の操作員が必要だった火器管制レーダーや武装システムの操作を、パイロットがすべて1人で行えるように省力化が図られています。機体を操縦しながらレーダーや武装を操作するため、**操縦桿（スティック）やスロットル・レバーに関連システムの多数のスイッチ類を配置するHOTAS※と呼ばれる概念**が、他機に先駆けて採用されています。

　F-15Jが搭載する兵装は、導入当初はAIM-9Lサイドワインダー短射程空対空ミサイルとAIM-7Fスパロー中射程空対空ミサイルがメインでしたが、後に交戦範囲が拡大された国産のAAM-3短射程空対空ミサイルの運用能力が与えられました。また後述する近代化改修が図られた機体では、さらに能力が向上したAAM-5短射程空対空ミサイルや、完全な撃ちっ放し能力を備えるAAM-4中射程空対空ミサイルの運用が可能になりました。また固定武装としてM61A1 20mm機関砲を1門搭載しています。

　航空自衛隊ではF-15J/DJの能力をさらに向上させるため、装備する約半数の機体に対して**独自の近代化改修**を進めています。火器管制レーダーをはじめ搭載電子機器類を能力向上型に換装するほか、新型のデータリンク装置を採用することによりネットワーク戦闘能力も獲得しています。

　現在は7個の**戦闘飛行隊**に加えて、戦闘機による操縦訓練を担当する**教育飛行隊**1個と、全国の戦闘機部隊に対して戦技訓練を実施する**飛行教導群**の計9個の飛行隊を、F-15J/DJにより編成しています。

※ HOTAS：Hands On Throttle And Stick

Chapter 2 航空機

F-15Jのコクピット。写真は現在改修が進められている近代化改修機のもので、操縦桿の上部に設けられているスイッチ類が増加している点が非改修機との違い

主要諸元

全幅：13.05m　全長：約19.43m　全高：約5.63m　乗員：1名（DJは2名）　エンジン：F100-IHI-220E（2基）　推力：10.6t/1基　最大離陸重量：約30.8t　最大速度：マッハ2.5　実用上昇限度：約19,800m　最大航続距離：約2,500nm（約4,600km）　武装：20mm機関砲×1（940発）、中射程空対空ミサイル×4発、短射程空対空ミサイル×4発ほか　導入機数：213機（J型：165機、DJ型：48機）

配備部隊

第201飛行隊(千歳)、第203飛行隊(千歳)、第204飛行隊(那覇)、第303飛行隊(小松)、第304飛行隊(那覇)、第305飛行隊(新田原)、第306飛行隊(小松)、第23飛行隊(新田原)、飛行教導群(小松)、飛行開発実験団(岐阜)、第1術科学校(浜松)

2-4 F-2A/B戦闘機①(三菱)

日米の最先端技術を結集して開発された戦闘機

1970年代に導入された国産のF-1支援戦闘機の後継機(FS-X[※1])として、1990年代に開発されたのが**三菱F-2A/B**です。当初は国内でまったくオリジナルの機体を新規開発する計画が進められていましたが、政治的な理由などもあり、アメリカのジェネラル・ダイナミクス(現:ロッキード・マーチン)のF-16C/Dブロック40戦闘機をベースに、日米の最先端の技術を結集して改造開発することが決定されました。

航空自衛隊では4発の対艦ミサイルを搭載して450nm(海里)の戦闘行動半径を有する機体を要求していましたが、既存の機体でこの要求を満たすことは不可能なため、F-16の主翼面積を増大して兵装が搭載可能なステーションを2か所増やしたほか、胴体を約0.5m延長し、尾部の水平安定板の面積も増やしたことで、F-2は**基本的に改造母機のF-16のフォルムを継承しながら、まったく異なる機体**として生まれ変わっています。

複合材料製の一体成型の主翼により、十分な強度を確保しながらも軽量化を果たしており、主翼面積の増加に伴う翼面荷重の低下は、旋回性能をはじめとする運動性の向上にも貢献しています。また**火器管制レーダーには世界に先駆けてアクティブ・フェイズド・アレイ方式を採用**するなど、最先端の技術が投入されています。F-2の開発ではまず4機の試作機が製作され、1996年から約4年間にわたって開発のための技術・実用試験が、防衛庁技術研究本部(現:防衛装備庁)と飛行開発実験団の手によって行われました。F-2は単座のA型が62機、複座のB型が32機の計94機が生産されました(試作機の4機を含む)。

※1 FS-X：Fighter Support-X

Chapter 2 航空機

F-2の試作1号機。量産機のブルー系の洋上迷彩とは異なり、白地をベースに赤いラインが入れられた試作機特有の「テスターカラー」に塗られている

対艦ミッション形態の機体を先頭に編隊飛行するF-2。手前の機体は4発のGBU-38/B JDAM※2（統合直接攻撃弾）に加えて、エア・インテーク脇にJ/AAQ-2赤外線前方監視ポッドを搭載している

※2 JDAM：Joint Direct Attack Munition

2-5 F-2A/B戦闘機② (三菱)

航空自衛隊初の本格的な多用途戦闘機

F-2は**支援戦闘機**として開発されましたが、支援戦闘機は日本独自のカテゴリーの機体です。主な任務は、我が国に侵攻を企てる艦艇を撃破する**航空阻止**と、着上陸した敵部隊からの防衛を担当する陸上部隊に対する空からの**近接航空支援**などです。ただ、F-2は通常の戦闘機が行っている対領空侵犯措置任務をはじめとする防空任務についても十分にこなせる、航空自衛隊初のマルチロール (多用途) 戦闘機です。これにより、現在では支援戦闘機という区分は廃止され、F-15JやF-4EJと同じ**戦闘機の名称に統一**されています。

F-2は任務に応じて多種多様な兵装が搭載可能です。対艦ミッションでは国産の空対艦ミサイルのASM-1やASM-2を最大で4発搭載できるほか、空対空ミッションでは4発のAIM-9LやAAA-3短射程空対空ミサイルに加えて、4発のAIM-7F/MやAAM-4中射程空対空ミサイルの計8発が搭載可能です。また現在は格闘戦に強い最新のAAM-5の搭載改修も計画されています。

対地ミッションではMk.82 (500ポンド) 爆弾に加えて、これに赤外線方式の誘導キットを取り付けたGCS-1も4〜6発搭載できます。GPS[※1]によりピンポイントの精密爆撃を可能にしたGBU-38/B JDAM (統合直接攻撃弾) や、さらにレーザー誘導を組み合わせたGBU-54/BレーザーJDAMの運用も始まっています。また固定武装としてM61A1 20mm機関砲を装備しています。

現在は3個の**戦闘飛行隊**に加えて、戦闘機による操縦訓練を担当する**教育飛行隊**1個の計4個の飛行隊をF-2A/Bにより編成しています。

※1 GPS : Global Positioning System

Chapter 2 航空機

F-2のコクピット。3基の多機能カラー・ディスプレイと広視野のヘッド・アップ・ディスプレイ（HUD※2）から構成されるグラス・コクピットで、従来型のアナログ計器は最小限に留められている

主要諸元

全幅：11.13m　全長：15.52m　全高：4.96m　乗員：1名（Bは2名）　エンジン：F110-GE-129（1基）　推力：13.4t　最大離陸重量：22.1t　最大速度：マッハ2.0　実用上昇限度：約15,200m　最大航続距離：約2,150nm（約4,000km）　武装：20mm機関砲×1（512発）、中射程空対空ミサイル×4発、短射程空対空ミサイル×4発、空対艦ミサイル×4発、精密誘導爆弾×4発ほか　導入機数：94機（A型：62機、B型：32機）

配備部隊

第3飛行隊（三沢）、第6飛行隊（築城）、第8飛行隊（築城）、第21飛行隊（松島）、飛行開発実験団（岐阜）、第1術科学校（浜松）

※2　HUD：Head-Up Display

2-6 F-4EJ戦闘機①(マクドネル*/三菱)

本格的な要撃戦闘機の標準を築いた名機

　1954年に発足した航空自衛隊では、F-86Fセイバーに始まり、初の火器管制レーダーを搭載した全天候型のF-86D、そしてマッハ2級の高速性能を実現したF-104Jスターファイターなどの戦闘機を装備してきましたが、1970年代には当時最新鋭の**F-4EJファントムⅡ**の導入が開始されました。

　同機は高性能な火器管制装置とレーダー誘導の空対空ミサイルなどから構成される**本格的なウエポン・システム(兵装)を採用**しており、その操作のために専従の乗員を必要とする複座戦闘機として、アメリカのマクドネル(現:ボーイング)によって1950～60年代にかけて開発されました。

　強力なレーダーはもとより、最大で8発の空対空ミサイルの装備など、近代の要撃戦闘機のスタンダードを築いた機体です。航空自衛隊ではベトナム戦争の教訓から、M61A1 20mm機関砲を1門固定装備した、アメリカ空軍の改良型であるF-4Eを採用しました。その航空自衛隊バージョンとなるF-4EJは、三菱重工業でライセンス生産され、計140機が全国の戦闘航空団の隷下に新編された6個の飛行隊に対して配備されました。

　F-4は全シリーズで5,000機以上が生産され、アメリカをはじめ世界の12か国で使用されてきた傑作機ですが、さすがに老朽化が進んでいることから、ほとんどの国で退役しています。導入開始から45年以上が経過した航空自衛隊でも、後継機のF-35AライトニングⅡ戦闘機の導入に伴って**2020年ごろには退役する予定**で、約半世紀にわたって我が国の空を護り続けたF-4EJの運用の歴史に、まさに幕が降ろされようとしています。

※ 現:ボーイング

3機の編隊で飛行する第301飛行隊のF-4EJ改。1990年代半ばに、F-15Jと同様のグレー系の迷彩塗装に変更された。また胴体中央下に搭載する600ガロン増槽も、耐G性が向上したF-15と同様の増槽が採用されている

1971年に導入されたF-4EJ初号機。当初は上面がガルグレー、下面はホワイトに塗られていたほか、国籍マーク(日の丸)や機体のナンバーなども大きなサイズで描かれていた

2-7 F-4EJ戦闘機②(マクドネル/三菱)
近代化改修により延命と能力向上を果たした

航空自衛隊では導入した140機のF-4EJのうち、約90機に対して機体寿命の延命とアビオニクス(搭載電子機器)のアップデートによる**近代化改修**を1990年代にかけて実施しました。

この改修では、火器管制レーダーを低空を侵攻してくる目標も捕捉可能なAPG-66Jパルスドップラー・レーダーに換装したほか、セントラル・コンピューターや慣性航法装置(INS[※1])、敵味方識別装置(IFF)、レーダー警戒装置(RWR[※2])、そしてUHF無線機なども更新されています。またF-15などと同様に、前席のパイロットからもウエポン・システムの操作を可能にするHOTAS概念の導入や、光学的な照準だけでなく速度や高度、機首方位といった飛行諸元の表示が可能な、**ヘッド・アップ・ディスプレイ(HUD)も新たに採用**されています。

導入当初はAIM-4DファルコンまたはAIM-9E/Pサイドワインダー短射程空対空ミサイルと、AIM-7Eスパロー中射程空対空ミサイルが主な兵装でしたが、近代化改修が施されたF-4EJ改では、空対空兵装はAIM-9L(またはAAM-3)とAIM-7F/Mにそれぞれアップデートされました。またASM-1/ASM-2対艦ミサイルや各種の通常爆弾、そしてGCS-1誘導爆弾などの対艦・対地兵装の運用も可能になるなど、**オリジナルのF-4EJから大幅に能力が向上**しています。実際にF-2戦闘機が配備されるまでのつなぎとして、本来の要撃戦闘飛行隊だけでなく、支援戦闘飛行隊に対してもF-4EJ改が配備された時期がありました。

F-4EJにより6個の飛行隊が新編されましたが、現在はF-15Jへの機種更新に伴い、2個飛行隊を残すのみとなっています。

[※1] INS: Inertial Navigation System
[※2] RWR: Radar Warning Receiver

Chapter 2　航空機

F-4EJ改の前席コクピット。ヘッド・アップ・ディスプレイの装備をはじめ、レーダーやレーダー警戒装置のディスプレイの換装など、配置自体もF-15世代の機体にアップデートされている

主要諸元

全幅：11.71m　全長：19.20m　全高：5.02m　乗員：2名　エンジン：J79-IHI-17（2基）　推力：8.1t/1基　最大離陸重量：約28t　最大速度：マッハ約2.2　実用上昇限度：約17,200m　最大航続距離：約1,600nm（約2,900km）　武装：20mm機関砲×1（635発）、中射程空対空ミサイル×4発、短射程空対空ミサイル×4発、空対艦ミサイル×2発、通常爆弾×12発ほか　導入機数：140機

配備部隊

第301飛行隊（百里）、第302飛行隊（百里）、飛行開発実験団（岐阜）

2-8 F-35A 戦闘機 (ロッキード・マーチン)
航空自衛隊初のステルス戦闘機

　老朽化したF-4EJファントムIIの後継機として、2016年から導入が開始されているのが**F-35Aライトニング II 戦闘機**です。ほかにもF/A-18E/Fスーパーホーネットやユーロファイター・タイフーンが候補として検討されましたが、レーダーに発見されにくいステルス性をはじめ総合的に評価が高かったF-35Aが2011年に選定されました。同機はアメリカをはじめとする8か国以上が開発に参画した、本格的なステルス性を備える第5世代の戦闘機で、最新のアクティブ・フェイズド・アレイ方式のレーダーだけでなく、**EOTS**[※1]や**EO-DAS**[※2]と呼ばれる優れた電子光学センサーを備えているほか、取得した情報をデータリンクによって共有可能な高度な**ネットワーク戦闘能力**を有しています。

　航空自衛隊が導入する最初の4機は、アメリカのロッキード・マーチン社で生産されますが、5号機からは三菱重工業の小牧南工場(愛知県)において最終組立と検査が行われます。まずは42機が導入される予定で、**2017年度に青森県の三沢基地に最初の臨時飛行隊が編成される予定**です。

　ステルス機であるF-35Aは、**レーダー反射断面積(RCS**[※3]**)**を増大させる要因となる兵装類を原則的に胴体内のウエポンベイ(兵器倉)内に収容する構造になっており、現段階では4発のAIM-120 AMRAAM[※4]中射程空対空ミサイルが搭載可能なほか、固定武装としてGAU-22/A 25mm機関砲を1門装備しています。なおステルス性は低下しますが、主翼下に設けられた6か所のハードポイントには、2発のAIM-9Xサイドワインダー短射程空対空ミサイルに加えて、JDAMなどの対地兵装を4発搭載できます。

※1 EOTS：Electro-Optical Targeting System
※2 EO-DAS：Electro-Optical Distributed Aperture System

2016年8月24日にロッキード・マーチン社のフォートワース工場において初飛行した、航空自衛隊向けのF-35A初号機(AX-1) 写真:ロッキード・マーチン

アメリカにおける訓練拠点であるルーク空軍基地にフェリーされた空自向けF-35A初号機と、受け入れにあたった地上の日本人クルー達。当面はアメリカ国内で製造される4機を使用してパイロットの訓練が行われる 写真:アメリカ空軍

主要諸元

全幅:10.67m 全長:15.67m 全高:4.38m 乗員:1名 エンジン:F135-PW-100(1基) 推力:19.5t 最大離陸重量:31.8t 最大速度:マッハ約1.6 実用上昇限度:15,240m 最大航続距離:約1,200nm(約2,200km) 武装:25mm機関砲×1(180発)、中射程空対空ミサイル×4発、精密誘導爆弾×2発、このほか機外に短射程空対空ミサイル×2発、精密誘導爆弾×4発ほか 導入機数:42機(予定)

※3 RCS:Radar Cross Section
※4 AMRAAM:Advanced Medium Range Air to Air Missile

2-9 RF-4E/EJ 偵察機 (マクドネル・ダグラス[※1])

航空自衛隊が唯一導入した偵察専用機

航空自衛隊では初の本格的な偵察機として、1970年代にRF-4Eを導入しました。同機はF-4ファントムⅡをベースとして、機首に各種の偵察用カメラや側方偵察レーダー、赤外線探査装置などを搭載しています。14機が完成機輸入の形で導入され、茨城県の百里基地の偵察航空隊に配備されました。

同機の機首には**3つのカメラ搭載ステーション**が設けられており、任務に応じてKS-87B前方偵察カメラやKA-56E低高度パノラミック・カメラ、KA-91B高高度パノラミック・カメラ、KS-127A長距離偵察カメラなどの機材を選択・搭載します。またその後方にはAN/AAS-18A赤外線偵察装置、そして機首側面にはAN/APD-10D側方偵察レーダーが搭載されています。

1990年代に入ると、戦術偵察能力の強化のために近代化改修が施されないF-4EJに対して、偵察機器を収納したポッドを胴体下に搭載することで偵察型に転用する計画がスタートしました。偵察改修を受けた機体はRF-4EJと呼称され、最終的に15機が偵察型に転用、偵察航空隊に配備されました。

同機が胴体下面の中央に搭載する偵察機器を収納したポッドには、長距離偵察カメラ(KS-146B)を収納した長距離偵察(LOROP[※2])ポッド、低高度偵察カメラ(KS-153A)や高高度偵察カメラ(KA-95B)、赤外線偵察装置(D-500)を収納した戦術偵察(TAC)ポッド、電波情報の収集、認識、分析が可能な電子偵察機器を収納した戦術電子偵察(TACER)ポッドの3種類があります。なお、RF-4E/EJは戦術偵察だけでなく、**災害時の情報収集や民生協力などの任務にも投入**されています。

※1 現:ボーイング
※2 LOROP : LOng Range Oblique Photography

洋上を超低高度で飛行する第501飛行隊のRF-4E。カメラなどの偵察機材を内装する機首部分のラインは、F-4EJと比べるとすっきりとした印象を受ける

胴体下面の中央に偵察用のTACポッドを搭載した第501飛行隊のRF-4EJ。火器管制レーダーはオリジナルのAN/APQ-120から換装されていないが、武装システムはそのまま残されているため、自衛用のウエポンが搭載可能である

主要諸元：RF-4E

全幅：11.71m　全長：19.18m　全高：5.02m　乗員：2名　エンジン：J79-IHI-17（2基）　推力：8.1t/1基　最大離陸重量：約24t　最大速度：マッハ約2.3　実用上昇限度：約17,600m　最大航続距離：約1,700nm（約3,200km）　偵察装備：前方監視レーダー、側方偵察レーダー、前方フレーム・カメラ、低高度パノラミック・カメラ、高高度パノラミック・カメラ、長距離偵察カメラ、赤外線探知装置など　導入機数：14機

配備部隊

第501飛行隊（百里）

2-10 E-2C 早期警戒機 (グラマン[※1])

航空自衛隊初の早期警戒機

1976年9月6日に発生したMiG-25亡命事件を教訓として、1983年から導入が開始されたのが**E-2Cホークアイ早期警戒機**です。地球には丸みがあるため、地上に設置されたレーダーサイトでは低高度で侵入してくる目標の探知は困難ですが、高性能な長距離捜索レーダーを搭載した機体を在空させることで、低空域の監視体制の強化を図ることが可能になります。

本来E-2Cはアメリカ海軍の艦隊防空用の空母艦載機として開発された機体で、機体の上部に直径7.31mの円盤状のロートドーム(回転式レドーム)を装備しています。

航空自衛隊では対外有償軍事援助(FMS[※2])調達により1994年までに計13機を導入していますが、搭載する機器類は**新型機材へのアップデートにより能力が向上**しています。現在ではAN/APS-145長距離捜索レーダーに加えて、AN/ALR-73レーダー逆探装置、戦術データリンク装置などを装備しています。

E-2Cでは2名のパイロットのほか、3名の兵器管制官らが乗り込んでおり、レーダーやコンピューターなど電子機器の管理をはじめ、地上の警戒管制システムとの連携、戦闘機の要撃管制などを担当しています。

導入当初は東西冷戦の最中ということもあり、青森県に所在する三沢基地に警戒航空隊が新編、配備されましたが、近年の南西地域での緊急発進の急増に見られるように、活発化した周辺国の動きに対応するため、**沖縄県の那覇基地に一部の機体を移動させて、2014年に新たな飛行隊を発足**させました。また、同年に大幅な近代化が図られたE-2Dの導入も決定されています。

※1 現:ノースロップ・グラマン
※2 FMS:Foreign Military Sales

Chapter 2　航空機

長いスパン（翼幅）の主翼を持つターボプロップ双発機の胴体上部にロートドームを装備したE-2C。高さが抑えられて4枚に分割された垂直尾翼も、本機のフォルムにユニークさを与えている

艦載機として開発されたE-2Cは主翼を後方に折りたたむことができる。陸上基地で運用する航空自衛隊ではあまりメリットがないように思われるが、機体をハンガー（格納庫）にコンパクトに格納できることもあり、駐機中は基本的に折りたたんでいる

主要諸元

全幅：24.56m　全長：17.60m　全高：5.58m　乗員：5名　エンジン：T56-A-425（2基）　出力：5,100shp/1基　最大離陸重量：約24.7t　最大速度：約600km/h（325kt）　実用上昇限度：11,280m　最大航続距離：約1,380nm（2,550km）　搭載電子機器：長距離捜索レーダー、レーダー逆探装置、戦術データリンク装置ほか　導入機数：13機

配備部隊

第601飛行隊（三沢）、第603飛行隊（那覇）

2-11 E-767早期警戒管制機(ボーイング)
高度な警戒管制機能を持つ空飛ぶレーダーサイト

E-2Cホークアイよりもさらに高度な早期警戒監視機能と管制能力を確保するため、1998年から導入が開始されたのがE-767早期警戒管制機(AWACS[※1])です。1990年代のアメリカ空軍ではボーイング707をベース機として、AN/APY-2レーダー・システムを搭載したE-3セントリー空中警戒管制機が運用されていましたが、同機の生産がすでに終了していたこともあり、航空自衛隊では**ボーイング767-200ERをベースにAWACS用のシステムを搭載した改修機を、E-767として採用**しました。

1999年までに4機が導入されましたが、これまでに767AWACSを採用した国がほかにないため、**世界に航空自衛隊が保有する4機しか存在しないという珍しい機種**です。

E-767には2名のパイロットのほかに兵器管制官や警戒管制員、機上整備員など約18名のクルーが搭乗しますが、ワイドボディの旅客機がベースとなっているため機内環境は良好で、最長12時間にもおよぶミッションでも、乗員のワークロードはE-2Cに比べて大幅に低減されています。

機体の上部にはAN/APY-2レーダー・システムのアンテナや敵味方識別装置(IFF)を収容した直径9.14m、厚さ1.83mのロートドームが装備されており、広範囲にわたる警戒監視や情報収集が可能になっています。現在は搭載機器のアップデートが行われており、探知・識別能力の向上や電子支援対策(ESM[※2])、敵味方識別能力の強化などが図られています。

E-767は**全機が浜松基地に新編された警戒航空隊隷下の飛行隊に配備**されています。

※1 AWACS：Airborne Warning And Control System
※2 ESM：Electronic Support Measures

Chapter 2 航空機

浜松基地に所在する警戒航空隊第602飛行隊のE-767。胴体上部に装備されたロトドームは、毎分6回転して360度全周を警戒する

E-767に搭乗するクルー達。警戒航空隊でも戦闘航空団と同様に24時間の警戒待機に就いており、昼夜を問わず速やかに発進できる態勢を維持している

主要諸元

全幅：47.57m　全長：48.51m　全高：15.85m　乗員：20名　エンジン：CF6-80C2（2基）　推力：27.9t/1基　最大離陸重量：約174.6t　最大速度：約840km/h（450kt）　実用上昇限度：12,200m　最大航続距離：約4,970nm（9,200km）　搭載電子機器：長距離捜索レーダー、戦術データリンク装置ほか　導入機数：4機

配備部隊

第602飛行隊（浜松）

2-12 EC-1 (川崎)、YS-11EA/EB 電子戦機 (日本航空機製造)

現代の戦闘に不可欠な各種の電子戦機

　現代の戦闘は、レーダーをはじめ無線通信などに使用される電子機器なくして成立しません。相手の電磁波の使用状況の検知や分析は、作戦を有利に進めるために必須の任務であり、各国がしのぎを削っています。**ひとたび戦闘が始まると、レーダーや通信機器に対する電子妨害 (ECM※) が開始される**ため、平時にその対処を訓練しておくことは極めて重要です。

　航空自衛隊ではこうした電子戦の訓練を実施するため、2機種の電子戦訓練支援機を運用しています。まず最初に、YS-11輸送機にJ/ALQ-3 ECM訓練用装置の搭載改修を施した**YS-11E**が1976年から2機導入されました。同機は後にECM装置をJ/ALQ-7に更新したほか、飛行性能の向上と増加した電力の需要に対応するため、エンジンをパワーアップ型のT64-IHI-10J (3,490shp) に換装し、プロペラも4枚から3枚ブレードのタイプに変更した**YS-11EA**に進化して、現在に至っています。

　また1986年からは、C-1輸送機を電子戦訓練支援機に転用した**EC-1**を1機導入しています。同機はJ/ALQ-5 ECM装置に加えて(後に能力向上型のJ/ALQ-5改に換装)、J/ALE-41チャフ散布ポッドの搭載により、機上の捜索レーダーをはじめ、地上の警戒管制レーダーや地対空ミサイル部隊のレーダー、そして通信システムなどに対して強力な電子妨害を実施して、**実戦的なECM環境を作り出すことが可能**です。

　さらに相手が使用する電磁波に関する情報を収集するため、4機のYS-11が電波情報収集機に転用されました。この**YS-11EB**と呼ばれる機体は、EA型と同様にエンジンとプロペラを出力向上

※ ECM：Electronic Counter Measures

型に換装し、J/ALR-2機上電波測定装置を搭載しています。

　いずれの機体も、2014年8月に新編された航空戦術教導団の電子作戦群の隷下部隊に配備されています。

C-1の21号機を改修して電子戦訓練支援機に転用したEC-1。機首と胴体後部にJ/ALQ-5改用の大型フェアリングが設けられたほか、胴体側面にも4個のフェアリングが設けられている。前胴の下部に装備されているグレーのポッドはJ/ALE-41チャフ散布装置

YS-11輸送機から4機が転用されたYS-11EB電波情報収集機。エンジンの換装に伴ってカウルの形状も異なっているほか、幅の広い3枚ブレードのプロペラに変更されている。胴体の上下面にはJ/ALR-2のアンテナ・フェアリングなどが設けられている

主要諸元
詳細非公表

配備部隊
EC-1/YS-11EA：電子戦隊（入間）、YS-11EB：電子飛行測定隊（入間）

2-13 C-1 輸送機 (川崎)

離着陸性能と機動性に優れた国産輸送機

　航空自衛隊初の本格的な中型戦術輸送機として、1970年代に国内で開発されたのが**川崎C-1**です。

　2.6tのペイロード(貨物)を搭載して日本列島を縦断可能な1,300kmの航続距離や、物資や小型車両などを搭載して急速展開が可能な高速性能、空挺隊員や物資の空中投下能力、そして1,200m級の滑走路で運用可能な短距離離着陸(STOL[※1])能力など、**当時の日本の国情に合わせて開発**されました。

　機体のデザインは、機体規模に対して太めの直径の胴体に高翼配置という戦術輸送機のセオリー通りで、**内部に一切の突起物がない広いカーゴルーム(貨物室)を実現**するために、胴体の両側に張り出したバルジに主脚を収容する形式を採用しています。後方に設けられた大きな開口部には、両側に大きく開くペタル扉と、車両の自走による積載に対応するランプ扉が設けられており、上空からの物資の投下も可能になっています。また胴体後部の両側面には、空挺隊員が降下する際に使用する**空挺扉**も設けられています。

　このクラスの機体の多くがターボプロップ・エンジンを装備するなか、C-1は高速性能を追求するためにJT8D-9ターボファン・エンジンを2基装備しています。また主翼には4重隙間フラップなどの高度な高揚力装置やスラストリバーサー(逆推力装置)を採用することで、**STOL性能を実現**しています。

　2機の試作機を含めて計31機が川崎重工業で生産され、当初は3個の輸送航空隊に対して配備されましたが、C-130Hの導入に伴い、現在では2個の輸送航空隊に配備されています。

※1　STOL：Short TakeOff and Landing

C-1はその機体形状からは想像できないような高い機動性能を有している。写真は美保基地の第3輸送航空隊の所属機で、2016年度末からは同隊に対して後継機となるC-2の配備が開始された

岐阜基地の飛行開発実験団に配備されているC-1試作初号機。この機体だけは迷彩塗装が施されず、生産当時の銀色のまま維持されている。同機はフライング・テスト・ベッド(FTB)機として各種の試験に供されてきた

主要諸元

全幅:30.60m　全長:29.00m　全高:9.99m　乗員:5名　エンジン:JT8D-9(2基)　推力:6.6t/1基　最大離陸重量:約38.7t　最大速度:約815km/h(440kt)　実用上昇限度:11,600m　最大航続距離:約920nm(1,700km)※2/ペイロード3t搭載時　ペイロード:最大8tまたは人員60名　導入機数:31機

配備部隊

第2輸送航空隊(入間)、第3輸送航空隊(美保)、飛行開発実験団(岐阜)

※2　航続距離は当初の要求より延伸された。

2-14 C-2輸送機 (川崎)

優れた搭載能力と航続性能を有する国産輸送機

導入から30年以上が経過して老朽化してきたC-1輸送機の後継機として、2001年から国内で開発が開始されたのが**川崎C-2輸送機**です。開発は主契約社に選定された川崎重工業が主体となって担当しました。

本機の開発で特徴的なのは、**海上自衛隊のP-3C哨戒機の後継機であるP-1との共同開発により、開発コストの低減が図られた**ことです。

まず2機の試作機(XC-2)が製作され、試作1号機は2010年1月26日に初飛行に成功しました。その後、機体の強度不足などの影響で開発計画は遅れましたが、2016年度末に一連の技術・実用試験が終了し、2017年3月から美保基地(鳥取県)の第3輸送航空隊に対して量産機の配備が開始されました。

C-2の基本的な機体デザインはC-1を踏襲していますが、**機体のサイズは約5割大型化され、最大搭載量も4倍以上となる36t、また航続距離も大幅に延伸されて、12tのペイロード搭載時に最大で6,500km**におよんでいます。

スーパークリティカル翼型の主翼と、大推力のCF6エンジンを双発装備することで、戦術輸送機としては高速なマッハ 0.82という巡航速度を確保しているため、国際平和協力活動などの任務の際にも海外へ迅速に展開することができます。

C-2はC-1などの代替機として40機程度の導入が見込まれており、2016年度末の時点までに11機が予算化されています。なお、試作2号機はYS-11EB電波情報収集機の後継機への改修作業が進められています。

Chapter 2　航空機

C-2の量産1号機。C-1やC-130Hとは異なり、グレー系の迷彩塗装が採用されている。機体のシルエットはC-1によく似ているが、主翼と胴体の接合部や胴体側面のバルジなどが滑らかな曲線で構成され、空気抵抗の軽減が図られている

白地に赤いラインが入れられたC-2の試作1号機。機首先端の上部には正確な飛行データを収集するために「標準ピトー管」が取り付けられている

主要諸元

全幅：44.40m　全長：43.90m　全高：14.20m　乗員：5名　エンジン：CF6-80C2（2基）　推力：27.9t/1基　最大離陸重量：約141.0t　最大速度：マッハ0.82（917km/h）　実用上昇限度：12,200m　最大航続距離：約3,500nm（6,500km）/ペイロード12t搭載時　ペイロード：最大36t　導入機数：約40機（予定）

配備部隊

第3輸送航空隊（美保）、飛行開発実験団（岐阜）

2-15 C-130H輸送機（ロッキード※）
国外運航任務にも活躍する傑作戦術輸送機

　航空自衛隊では1970年代にC-1輸送機を導入したものの、開発終了後に沖縄や小笠原諸島が返還されたこともあり、航続性能に制約を受けていた同機では任務に支障が生じるケースも出てきたことから、**ロッキードC-130Hハーキュリーズ輸送機**を導入することになりました。1998年までに導入された16機のすべてが完成機の形で輸入され、その1号機は1984年3月にアメリカから日本へ空輸されました。

　C-130は原設計が1950年代という旧式な機体ですが、突起物のない広いカーゴルームや、後部に物資の空中投下が可能なランプ付き貨物ドアの装備、そして舗装が十分ではない不整地での離着陸能力など、**戦術輸送機として理想的な機体**です。絶え間なく改良が加えられ、これまでに2,500機以上が生産されて、70か国以上で採用されたベストセラー輸送機です。

　ターボプロップ機ということもあり、速度性能は決して十分とは言えませんが、C-1以上の搭載量と航続距離を活かして、国際平和協力活動（PKO）や国際緊急援助活動などでは重要な役割を果たしてきました。

　近年ではUH-60J救難ヘリコプターに対する空中給油を実施するため、**プローブ＆ドローグ方式の空中給油ポッドの搭載**と**空中給油受油能力**の付与のための機体改修が進められており、このKC-130Hと呼ばれる機体は、2016年度末の時点で2機が確認されています。

　C-130Hは導入された全機が小牧基地の第1輸送航空隊に配備されています。

※　現：ロッキード・マーチン

Chapter 2　航空機

第1輸送航空隊第401飛行隊所属のC-130H。C-1とは異なるグリーン系の迷彩塗装が採用されている

空中給油型に改修されたKC-130H。主翼下のエンジンの外側に給油用のポッドが装備されている。ここからホースを伸ばし、ヘリコプターに対して空中で燃料を供給する。薄いブルー系の塗装は、2004年から開始されたイラク人道復興支援活動に参加する際に変更されたもの

主要諸元

全幅：40.41m　全長：29.79m　全高：11.66m　乗員：6名　エンジン：T56-A-15（4基）　出力：4,591shp/1基　最大離陸重量：約69.8t　最大速度：約620km/h（335kt）　実用上昇限度：12,800m　最大航続距離：約2,160nm（4,000km）／ペイロード12t搭載時　ペイロード：最大17.3tまたは人員92名　導入機数：16機

配備部隊

第1輸送航空隊（小牧）

2-16 KC-767空中給油・輸送機（ボーイング）
航空自衛隊初の空中給油・輸送機

　上空で戦闘機などに給油が可能な**空中給油機**は、作戦機の運用に柔軟性を持たせられるほか、日常の訓練の効率化や天候急変時の安全性の向上などに果たす役割が大きいため、多くの国の軍で使用されている航空機です。航空自衛隊では周辺国への配慮もあってなかなか装備化が実現しませんでしたが、その設立から半世紀以上が経過した2008年から**ボーイングKC-767の導入が開始**され、2010年までに4機が配備されました。

　KC-767はボーイング767-200ERをベースとして、フライング・ブーム方式の空中給油装置を装備した機体で、合わせて胴体のカーゴスペース内には約30tの貨物のほか、機内を人員輸送に換装した場合は約200名の人員を輸送することができます。

　フライング・ブーム方式は、給油機の後方に装備されている長いブームを伸ばして、給油オペレーターが受油機のリセプタクル（受油口）に差し込むことで給油を行います。**給油ホースによるプローブ＆ドローグ方式よりも速い飛行速度で給油が可能なほか、燃料の移送流量も大きいため、比較的短時間で給油が可能**というメリットがあり、主にアメリカ空軍とその同盟国の空軍などで使用されています。

　現在、航空自衛隊で同機から空中給油を受けられる機体は、F-15JをはじめF-2やKC-130Hですが、今後はF-35AやC-2が加わる見込みです。また4機ではその役割を十分に果たせないため、2015年に新型のKC-46A空中給油・輸送機の導入が決定しました。

　KC-767は導入された全機が小牧基地の第1輸送航空隊に配備されています。

Chapter 2 航空機

機体後方のフライング・ブームを下げて飛行する、第1輸送航空隊第404飛行隊のKC-767。給油ブームには受油機側から伸縮時の長さを確認するためのカラフルなマーキングが施されている

KC-767は受油機を従来のように目視ではなく、立体的に撮影されたカメラの画像を専用のゴーグルで見ながら給油操作を行う方式が採用されている。給油オペレーターが使用する遠隔空中給油操作ステーション（RARO※）は、コクピットのすぐ後方に配置されている

主要諸元

全幅：47.57m　全長：48.51m　全高：15.85m　乗員：4名　エンジン：CF6-80C2（2基）　推力：27.9t/1基　最大離陸重量：約176.0t　巡航速度：マッハ0.84（約850km/h）　実用上昇限度：12,200m　最大航続距離：約3,890nm（7,200km）/ペイロード30t搭載時　ペイロード：最大30tまたは人員200人　導入機数：4機

配備部隊

第1輸送航空隊（小牧）

※　RARO：Remote Aerial Refueling Operator

2-17 YS-11輸送機(日本航空機製造)
戦後初めて開発された国産中型輸送機

　戦後、連合国総司令部によって出された航空禁止令が1952年に解除されると、日本企業による航空機の運航や製造の機運が一気に高まりました。戦後初の国産旅客機を誕生させるべく発足した特殊法人の日本航空機製造により開発されたのが、**YS-11輸送機**です。ターボプロップ・エンジンを双発装備した60人乗りクラスの機体で、その試作1号機は1962年8月30日に初飛行に成功しています。

　航空自衛隊では発足当初はアメリカ空軍から供与されたC-46Dコマンド輸送機を使用していましたが、その後継機となるC-X（後のC-1）の開発・配備まで輸送機が不足することから、**1965年よりYS-11を導入することを決定**しました。最終的に1971年までにP（人員輸送）型4機、PC（貨物・人員混載）型1機、FC（飛行点検）型1機、C（貨物専用）型7機の計13機が導入され、3個の輸送航空隊などに配備されました。

　後にP型から2機が飛行点検型のYS-11FCへ改造されたほか、2機のC型が電子戦訓練型のYS-11E（後にEA）、そして4機のC型が電波情報収集型のYS-11EL（後にEB）へ改造されました。

　導入からすでに50年以上が経過し、民間の航空会社はもとより海上自衛隊や海上保安庁、国土交通省など官公庁の機体も退役していますが、**航空自衛隊ではP型の退役が始まっているものの、派生型はまだしばらくの間は使用される見込み**です。

　なお、飛行点検型のYS-11FCの老朽化に伴って、2016年12月にテキストロン・アビエーション社のサイテーション680Aが後継機として選定されています。

Chapter 2 航空機

美保基地の第3輸送航空隊第403飛行隊のYS-11。この156号機は航法士の訓練用に改造された唯一のNT※型と呼ばれる機体で、2015年10月に退役した

当初から飛行点検型のYS-11FCとして導入された160号機。入間基地の飛行点検隊の所属で、垂直尾翼の部隊マークのチェッカー(市松模様)と同様に白と赤に塗られている

主要諸元：YS-11C

全幅：32.00m　全長：26.30m　全高：8.98m　乗員：5名　エンジン：ダートMk542-10(2基)　出力：2,775shp/1基　最大離陸重量：約25.0t　巡航速度：260kt(約480km/h)　実用上昇限度：6,100m　最大航続距離：約1,260nm(2,300km)　ペイロード：5t、人員46人(P型)　導入機数：13機

配備部隊

YS-11P：第3輸送航空隊(美保)、YS-11FC：飛行点検隊(入間)

※　NT：Navigation Trainer

2-18 B-747特別輸送機（ボーイング）
初めて導入された日本の"エアフォース・ワン"

　日本政府では内閣総理大臣などの要人輸送といった目的のため、1991年に2機のボーイング747-400を日本国政府専用機として導入しました。当初この機体は総理府（現：内閣府）に所属していましたが、翌年に航空自衛隊へ移管され、千歳基地に所在する特別航空輸送隊において運用されています。

　B747は"ジャンボジェット"の愛称で親しまれている大型の旅客機で、世界のエアラインで活躍してきた傑作機です。長大な航続性能に加えて、最大で500名以上の乗客を一度で運ぶことができる能力は、航空旅行の普及に寄与しました。

　それまで我が国での要人の輸送は、民間の航空会社の機体をチャーターするなどして対応してきましたが、高度経済成長により世界の先進国の仲間入りを果たしたこともあり、**アメリカ空軍のエアフォース・ワンと同様にB747を採用**しました。

　航空自衛隊での正式名称は**B-747特別輸送機**で、冒頭の任務記号は輸送機の「C」ではなく、メーカー名の「B」が例外的に採用されています。

　機内は貴賓室のほか、秘書官室や会議室、執務室、随行員室に加え、随行する記者などが使用する一般客室が設けられています。また後方の機内レイアウトを変更し、通常の座席に転換することで、**緊急時の在外邦人の輸送任務などにも対応が可能**です。

　なお、これまで同機の整備作業や要員の訓練は日本航空に民間委託されてきましたが、国内エアラインからのB747の退役によって整備などが困難になることから、2014年に**後継機としてボーイング777-300ERが選定**されました。

Chapter 2 航空機

B-747は航空自衛隊の保有機の中でも最大サイズの機体である。その堂々たる体躯（たいく）は、政府専用機の名にふさわしい威厳に満ちあふれている

政府専用機でフィリピンに到着、アキノ大統領らの出迎えを受けられる天皇、皇后両陛下

写真：時事通信フォト

主要諸元

全幅：64.92m　全長：70.67m　全高：19.30m　乗員：20～25名　エンジン：CF6-80C2（4基）　推力：28.8t/1基　最大離陸重量：約362.9t　巡航速度：マッハ0.85（約900km/h）　実用上昇限度：13,750m　最大航続距離：約7,000nm（13,000km）　ペイロード：人員約140人　導入機数：2機

配備部隊

特別輸送航空隊（千歳）

2-19 CH-47J輸送ヘリコプター (ボーイング・バートル[※1]/川崎)

大きな搭載力を誇る唯一の輸送ヘリコプター

　航空自衛隊が全国に配置しているレーダーサイトなどに対する端末輸送のために、1986年から導入が開始されたのが**CH-47Jチヌーク輸送ヘリコプター**です。

　1号機は完成機輸入されましたが、後に川崎重工業によりライセンス生産が開始され、1998年までに16機を導入しました。また陸上自衛隊でも同じ時期にCH-47Jを導入しています。

　CH-47はアメリカ陸軍の輸送ヘリコプターとして、1960年代にバートル社(現:ボーイング)が開発した大型ヘリコプターです。前後に2つの回転翼を持つタンデム・ローター形式で、カーゴルームには**小型の車両のほか、最大で55名の人員を輸送可能という大きな搭載量**を誇っています。また胴体下の3か所にはカーゴフックが設けられており、機外に物資や車両などを吊るして空輸することができます。

　CH-47Jは救難航空団の隷下部隊に配備されていますが、原則的に輸送任務に供されています。ただ機体の前方右側にはホイストが装備されており、東日本大震災の際には要救助者のピックアップ(吊り上げ救助)も行われました。

　なお、2002年から導入された17号機以降は、胴体両側のスポンソン部の燃料タンクを大型化し、機首に気象レーダーを搭載するなど性能を向上させた**CH-47J**(LR[※2])に切り替わり、2013年までに15機が導入されました。

　CH-47Jは導入された全機が4個のヘリコプター空輸隊に対して配備されていますが、初期に導入された機体はすでに用途廃止となり退役しています。

※1　現:ボーイング
※2　LR:Long Range

Chapter 2 航空機

沖縄の美しい海をバックに飛行する那覇ヘリコプター空輸隊のCH-47J。この487号機以降は性能が向上したLR型だが、初期のモデルはすべて退役しているため、名称はCH-47Jのまま変更されていない

胴体下のカーゴフックを使って水タンクを懸吊するCH-47J。通常の輸送任務だけでなく、災害発生時にはその大きな搭載力が遺憾なく発揮されている

主要諸元

主ローター直径：18.29m　全長：30.18m　胴体全長：15.88m　全高：5.77m　乗員：3名　エンジン：T55-L-712（2基）　出力：3,149shp/1基　最大離陸重量：約22.7t　最大速度：157kt（約290km/h）　実用上昇限度：2,860m　最大航続距離：約540nm（1,000km）　ペイロード：11.2t、人員約55人　導入機数：31機

配備部隊

各ヘリコプター空輸隊(三沢、入間、春日、那覇)

2-20 UH-60J救難ヘリコプター (シコルスキー/三菱)

世界20か国以上で活躍する軍用ヘリの決定版

　航空自衛隊では、KV-107Ⅱ救難ヘリコプターの後継機として、UH-60Jの導入を1991年から開始しました。同機はアメリカのシコルスキー社が開発したH-60ヘリコプターの捜索救難型で、赤外線暗視装置をはじめ気象レーダーや高性能な航法機器を装備しているほか、良好な航続性能を有しています。

　その堅牢な構造と優れた機動性は軍用ヘリコプターの中でもトップクラスで、**アメリカでは3軍をはじめ沿岸警備隊で採用**されています。我が国でも航空自衛隊だけでなく、海上自衛隊や陸上自衛隊でも哨戒や輸送任務用のヘリコプターとして採用されました。

　H-60シリーズは三菱重工業でライセンス生産が行われ、航空自衛隊には2011年までに42機のUH-60Jが導入されました。

　UH-60Jは導入時期に応じて様々な改良が加えられています。29号機以降は生残性を高めたUH-60J (SP[※1]) と呼ばれるモデルが導入されました。これは**脅威レベルの高いエリアでの救難活動にも対応**するため、レーダー警戒装置 (RWR) やミサイル警報装置 (MWS[※2])、チャフ・フレア・ディスペンサーなどの自己防御装置が装備されています。また38号機以降では、KC-130Hからの空中給油を可能にする受油プローブが機首の右側に追加装備されています。

　なお、2015年からは大幅な改良が施されたUH-60JⅡの導入が開始されており、最終的に40機程度が導入される予定です。

　UH-60Jは導入された全機が10個の救難隊に対して配備されていますが、初期に導入された機体の退役が始まっています。

※1 SP : Self Protection
※2 MWS : Missile Warning System

Chapter 2　航空機

機首に受油プローブを装備した那覇救難隊のUH-60J。空中給油時はローターと給油ホースとの接触を避けるため、プローブが前方に伸びる構造になっている。導入当初のUH-60Jは白と黄色の救難機の標準カラーに塗られていたが、2005年ごろから現在のブルー系の洋上迷彩に変更された

大幅な改良が加えられたUH-60JⅡ。搭載電子機器の統合化をはじめ捜索活動支援機材の能力向上、エンジンの耐久性の向上、予備救難ホイストの追加などが図られている。外観上で一番大きな違いはエンジンの排気口に設けられたIR（※3）サプレッサーで、排気温度を下げて赤外線の放射を抑制する

主要諸元

主ローター直径：16.36m　全長：19.76m　胴体全長：15.65m　全高：5.13m　乗員：5名　エンジン：T700-401C（2基）　出力：1,662shp/1基　最大離陸重量：約11.1t　最大速度：143kt（約265km/h）　実用上昇限度：4,000m　最大航続距離：700nm（1,295km）　導入機数：UH-60J：42機、UH-60JⅡ：11機（2016年末時点）

配備部隊

各救難隊（千歳、松島、秋田、新潟、百里、小牧、小松、芦屋、新田原、那覇）

※3　IR：Infra-Red

2-21 U-125A捜索救難機(ブリティッシュ・エアロスペース[※1])

航空自衛隊初のジェット捜索救難機

　航空自衛隊ではMU-2S/Aに代わる捜索救難機として、ブリティッシュ・エアロスペース社(現:テキストロン・アビエーション)のBAe125-800を**U-125A**として選定、1995年から導入を開始しました。双発のビジネスジェット機がベースということもあり、高速性や優れた航続性能を活かして迅速に捜索エリアに展開し、長時間の捜索ミッションを実施することが可能になりました。

　機体には捜索救難任務に供するため、胴体側面に大型の捜索窓を設けたほか、胴体下面に捜索用レーダーを搭載、また機首には収納式の赤外線暗視装置(TIE[※2])を装備しています。これにより従来の**目視が主体**だった**捜索に比べて、格段に能力が進化**しました。さらに保命用の援助物資の投下機構も装備しており、**遭難者に対する援助能力も向上**しています。

　航空自衛隊では1992年に同じBAe125-800を飛行点検機として導入していますが、捜索救難ミッションで洋上を低空飛行するU-125Aでは、正面の風防に付着する塩分を除去するためのワイパーが追加されているほか、着陸性能の向上のためスラストリバーサーが採用されています。また胴体下の捜索レーダー用レドームの新設に伴って低下した方向安定性を補うために、尾部の下側にはベントラル・フィンが追加されています。

　U-125Aは2011年までに28機が導入され、全機が10個の救難隊に配備されました。最後の27〜28号機には、主翼下に追加されたポッドと垂直尾翼後端にミサイル警報装置(MWS)のセンサーをはじめ、後部胴体下面にはチャフ・フレア・ディスペンサーなどの**自己防御装置が装備**されています。

※1　現:テキストロン・アビエーション
※2　TIE : Thermal Image Equipment

Chapter 2　航空機

援助物資を投下する新潟救難隊のU-125A。投下口は左の主脚収容室内にあるため、投下する際は脚を下ろす必要がある。このほか胴体後部には救難用火工品の投下口も設けられている

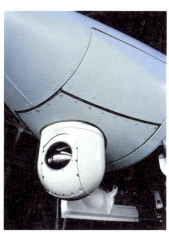

機首に装備された赤外線暗視装置（TIE）。目視が困難な夜間でも要救助者の捜索が可能である。使用しない場合は、取り付け基部を横に180度回転させることで機首の内部に収納できる

主要諸元

全幅：15.66m　全長：15.60m　全高：5.36m　乗員：4名　エンジン：TFE731-5R-1H（2基）　推力：1.95t/1基　最大離陸重量：約12.7t　最大速度：442kt（約820km/h）　実用上昇限度：13,100m　最大航続距離：約2,160nm（4,000km）　導入機数：28機

配備部隊

各救難隊（千歳、松島、秋田、新潟、百里、小牧、小松、芦屋、新田原、那覇）

2-22 U-125飛行点検機 (ブリティッシュ・エアロスペース[※1])

空の安全を守る飛行点検機

　航空機の運航にとって不可欠な航空管制施設や航空保安施設の機能を維持することは、円滑な運航だけでなく安全の面からも重要なのは言うまでもありません。航空自衛隊では防衛省が管理している航空保安施設などが正常に機能しているかどうかを定期的に点検するため、**飛行点検機**を装備しています。

　現用のYS-11FCをはじめ、1975年から1979年にかけて4機のMU-2Jが導入されました (現在は4機とも退役)。

　YS-11FCの老朽化や点検施設数の増加、また高高度域での点検業務などを実施するために、1992年から1994年にかけて3機の**U-125**が飛行点検機として導入されました。

　U-125は双発ビジネスジェット機のBAe125-800に自動飛行点検装置 (AFIS[※2]) を搭載した機体で、アメリカ空軍でもC-29A飛行点検機として採用されています。

　同機にはGPSやINSをはじめ精度の高い航法機材が搭載されているほか、正確な自機位置を把握するためのカメラやレーザー高度計が装備されています。

　飛行点検機は**実際に航空基地や航空保安施設の上空を飛行して、キャビン内に配置された点検機器を使用し、各種の点検を実施**します。点検の対象となる主な施設はVOR[※3] (超短波全方向式無線標識) やTACAN[※4] (戦術航法装置)、ILS[※5] (計器着陸装置)、ASR[※6] (空港監視レーダー)、PAR[※7] (精密進入レーダー)、TCOM[※8] (対空無線施設) などです。

　U-125は導入された全機が入間基地の飛行点検隊に配備されました。

※1　現:テキストロン・アビエーション
※2　AFIS:Automatic Flight Inspection System
※3　VOR:VHF Omnidirectional Range
※4　TACAN:TACtical Air Navigation

Chapter 2　航空機

白と赤のカラフルな塗装が施された飛行点検隊のU-125。これは地上からセオドライトと呼ばれる測量機器を使用した点検作業の際に、機体の視認性を高める目的がある

パネルオペレーターと呼ばれる隊員が点検作業を行う、自動飛行点検装置のコンソール

主要諸元

全幅：15.66m　全長：15.60m　全高：5.36m　乗員：7名　エンジン：TFE731-5R-1H（2基）　推力：1.95t/1基　最大離陸重量：約12.7t　最大速度：マッハ0.8（約860km/h）　実用上昇限度：13,100m　最大航続距離：約2,970nm（5,500km）　導入機数：3機

配備部隊

飛行点検隊（入間）

※5　ILS：Instrument Landing System
※6　ASR：Airport Surveillance Radar
※7　PAR：Precision Approach Radar
※8　TCOM：Terminal COMmunications

2-23 U-4多用途支援機(ガルフストリーム)
海外運航任務でも活躍する多用途機

　航空自衛隊ではビーチクラフトB-65多用途機の後継機として、**ガルフストリームⅣ**を1997年から導入しました。

　正式名称はU-4多用途支援機で、2000年までに5機が導入されました。同機の任務は、指揮連絡をはじめ小型軽量貨物などの空輸や訓練支援などで、そのほか要人の短距離の移動にも使用されています。

　ガルフストリームⅣは高性能なビジネスジェット機として実績のある機体で、アメリカでは4軍共通の要人輸送機として採用しているほか、スウェーデン国防省では電波情報収集機として採用するなど多くの国で運用されています。日本の国土交通省航空局でも、同機を飛行検査機として採用しています。

　U-4で特徴的なのは、**胴体前方の右側に大型のカーゴドアを装備**していることです。これにより機内に小型の貨物を搭載できるほか、緊急時には担架などを載せることも可能です。

　同機は優れた航続性能や快適性を有しており、その巡航速度や航続距離は通常の旅客機を凌いでいます。また最新の計器表示システムや航法機器なども装備しており、国内だけでなく海外での運航任務でも活躍しています。

　ビジネスジェットとは言うものの、**機体の全長はYS-11に匹敵するサイズ**で、そのキャビン内には座席のほか、前方に貨物搭載スペースが設けられており、最大で18名が搭乗できます。

　当初は9機の導入が計画されていましたが、現状では5機に留まっており、入間基地の第2輸送航空隊と中部航空方面隊司令部支援飛行隊に配備されています。

Chapter 2　航空機

第2輸送航空隊第402飛行隊のU-4。その流麗で美しいフォルムは高級ビジネスジェット機ならではのもの

大きなカーゴドア(写真左側)を備えたU-4のキャビン。前方にはテーブルと要人用の座席が配置されているが、基本的に内装にはごくシンプルな素材が採用されている

主要諸元
全幅：23.72m　全長：26.92m　全高：7.58m　乗員：3名　エンジン：RB183-03 Mk.611-8(2基)　推力：6.28t/1基　最大離陸重量：約33.8t　最大速度：マッハ0.88(約900km/h)　実用上昇限度：13,700m　最大航続距離：約3,500nm(6,500km)　ペイロード：人員18名　導入機数：5機

配備部隊
第2輸送航空隊(入間)、中部航空方面隊司令部支援飛行隊(入間)

2-24 T-7練習機(富士※)

空自パイロットが初めて搭乗するプロペラ練習機

　航空自衛隊のT-3初等練習機の後継機として、2002年から導入が開始されたのが**富士T-7**です。同機は航空自衛隊パイロットにとってスタートラインとなる初級操縦課程の飛行訓練で使用されているため、**すべてのパイロットが操縦経験を有する唯一の機体**です。

　T-7は航空自衛隊の創設時に導入されたビーチクラフトT-34Aメンター練習機をライセンス生産した富士重工業(現:SUBARU)が、同機のエンジンのパワーアップやプロペラの換装、搭載装備品の近代化を施したT-3練習機を、さらに発展させた機体です。試作機のKM-2F(社内名称)は1999年に初飛行に成功しています。

　エンジンは従来のスーパーチャージャー付きレシプロ・エンジンから**ターボプロップ・エンジンに変更**されたほか、海上自衛隊が使用する系列機のT-5練習機で実績がある、翼端形状が改良された主翼や、後退角付きの垂直尾翼が採用されています。また冷房装置の採用と操縦席のレイアウトの見直しなどにより、搭乗時の環境も改善されています。

　エンジンのタービン化のメリットとしては、**航空自衛隊が使用する航空機用燃料の統一化**が図れたほか、**出力増加による飛行性能や安全性の向上、騒音の低減**などが挙げられます。

　同機はT-1から始まる国産練習機シリーズの中で6番目となりますが、航空自衛隊の創設当初にT-6の名称を持つ機体が運用されていたことから、T-7の名称が使用されています。2008年までに49機が導入され、2個の飛行教育団のほか、当初に実用試験を担当した飛行開発実験団などにも配備されています。

※ 現:SUBARU

Chapter 2 航空機

見事なフォーメーションを見せる、静浜基地の第11飛行教育団のT-7。軽量なターボプロップ・エンジンへの換装による重心位置の変化に対応するため、T-3よりも機首が550mm長くなっている

教官に見守られながら飛行前の機体の外部点検を実施する学生パイロット。初級操縦課程では約6か月(22週)にわたって操縦の基礎を学び、卒業後は戦闘機要員と輸送機・救難機要員の2つのコースに分かれて教育を受ける

主要諸元

全幅:10.04m　全長:8.59m　全高:2.96m　乗員:2名　エンジン:250-B17F(1基)　出力:450shp　最大離陸重量:約1.59t　最大巡航速度:203kt(376km/h)　実用上昇限度:7,620m　導入機数:49機

配備部隊

第11飛行教育団(静浜)、第12飛行教育団(防府北)、飛行開発実験団(岐阜)、第1術科学校(浜松)

2-25 T-4練習機(川崎)

操縦教育以外でも活躍する傑作練習機

　航空自衛隊のT-33AやT-1A/Bジェット練習機の後継機として、国内で開発された中等練習機が**川崎T-4**です。

　1981年から主契約社に選定された川崎重工業を主体として設計が行われ、試作1号機は1985年7月29日に初飛行に成功しています。その後4機の試作機による技術・実用試験が行われ、1988年から量産機の納入が開始されています。

　T-4は**プロペラの初等練習機からジェット戦闘機までの橋渡し役を担う中等練習機**として、低速から高速までの幅広い領域で素直な操縦特性を有するほか、新規開発の国産ターボファン・エンジンを双発装備することで、高い安全性を確保しています。

　また炭素系複合材の活用やリングレーザージャイロ方式の姿勢方位基準装置、機上酸素発生装置(OBOGS※)、カーボン製の車輪ブレーキなど、当時の先端技術が盛り込まれました。

　同機は本来の戦闘機パイロット要員に対する操縦教育をはじめ、各戦闘機部隊などでも訓練支援や連絡などの補助用航空機として使用されています。

　1995年からは曲技飛行チームの**ブルーインパルス**でも、それまでのT-2高等練習機に代わって同機が使用されています。展示飛行を実施するため、同隊向けの機体には専用のカラーリングが施されているほか、風防の強化や発煙装置、低高度警報装置の搭載、ラダー(方向舵)の作動範囲の変更、コクピット内の計器の配置変更などの改修が行われています。

　T-4は2003年までに212機が導入され、教育部隊のほか全国の戦闘航空団などに配備されています。

※ OBOGS：OnBoard Oxygen Generation System

Chapter 2 航空機

松島基地の第11飛行隊「ブルーインパルス」のT-4。曲技飛行専用の改修が施された戦技研究仕様機により、華麗な展示飛行を披露する

芦屋基地の第13飛行教育団のT-4。同団では基本操縦前期課程の教育がT-4により行われ、修了後は浜松基地の第1航空団において基本操縦後期課程と、それに続く戦闘機操縦基礎課程の教育が実施される。同団のT-4は通常のグレーではなく、白と赤のトレーナーカラーに塗られている

主要諸元

全幅：9.94m　全長：13.02m　全高：4.60m　乗員：2名　エンジン：F3-IHI-30B（2基）　推力：1.67t/1基　最大離陸重量：約7.65t　最大速度：マッハ0.9（約1,000km/h）　実用上昇限度：14,000m　最大航続距離：約700nm(1,300km)　導入機数：212機

配備部隊

第1航空団(浜松)、第2航空団(千歳)、第3航空団(三沢)、第4航空団(松島)、第5航空団(新田原)、第6航空団(小松)、第7航空団(百里)、第8航空団(築城)、第9航空団(那覇)、飛行教導群(小松)、偵察航空隊(百里)、各航空方面隊支援飛行隊（班）(三沢、入間、春日、那覇)、第13飛行教育団(芦屋)、飛行教育航空隊(新田原)、飛行開発実験団(岐阜)、第1術科学校(浜松)

2-26 T-400練習機 (レイセオン※)

輸送機や救難機要員の教育に適した練習機

　1954年に発足した航空自衛隊では、輸送機や救難機のパイロットは、まず戦闘機操縦者として養成・従事させた後に、希望や適性に応じて機種転換することで確保してきました。しかし若年操縦者の必要数の増加や、輸送機・救難機の要員に対する飛行教育の効率性の向上を図るため、1994年から**T-400練習機**の導入を開始しました。

　双発ビジネスジェット機を原型とするT-400は、**航空自衛隊の練習機としては初めての並列座席型の機体**であり、同形式の輸送機・救難機の基礎的な操作やクルー・コーディネーション(乗員間の連携)の習得に適しています。

　同機の名称は、練習機を表す任務記号の"T"にベース機の形式名である"400"を組み合わせたものです。

　T-400のベースとなったレイセオン400Aは、三菱重工業が開発したMU-300ビジネスジェット機の製造権を買い取ったビーチクラフト社(現:テキストロン・アビエーション)が、胴体の延長など独自の改良を施した機体です。アメリカ空軍では機体構造や降着装置の強化などを図った機体を、T-1Aジェイホーク給油・輸送機訓練機として180機採用しています。

　T-400はこれにスラストリバーサーやINS、最新の計器表示システムなどを装備した機体で、**ビジネスジェット機ならではの高い信頼性や整備性**を有しています。

　T-400は2004年までに13機が導入され、全機が美保基地の第3輸送航空隊に配備されています。ここでは約12か月(47週)にわたって基本操縦課程の教育が実施されます。

※　現:テキストロン・アビエーション

美保基地の第3輸送航空隊第41教育飛行隊のT-400。機体構造の強化は、正面風防や各翼の前縁など、バードストライク(鳥衝突)対策にもおよんでいる

教官の指導を受けながらフライト・シミュレーターで訓練を行う学生パイロット。ビジュアル発生装置やモーション装置を備えており、高い教育効果がある

主要諸元

全幅:13.26m　全長:14.75m　全高:4.24m　乗員:6名　エンジン:JT15D-5(2基)　推力:1.32t/1基　最大離陸重量:約7.30t　最大速度:マッハ0.78(約870km/h)　実用上昇限度:12,200m　最大航続距離:約1,600nm(2,960km)　導入機数:13機

配備部隊

第3輸送航空隊(美保)

Column 2

航空機のシリアルナンバー
数字を見るだけで機種などがわかる

　航空自衛隊のすべての航空機には、**シリアルナンバー**と呼ばれる6桁の機体番号が与えられています。

　このシリアルナンバーは一定のルールに基づいて付与されているため、垂直尾翼などに記入されているナンバーを見るだけで、航空機の種類や機種などを知ることができます。

　シリアルナンバーの付け方は以下の通りですが、例えば「02-8801」であれば、(198)0年に納入されたF-15J戦闘機の初号機だとわかります。

シリアルナンバー

❶ **領収年**：航空自衛隊に納入された西暦年の下1桁（例：2017年→「7」）

❷ **登録順位**：航空自衛隊に導入された順に付与（下1桁）

- 0：B-747
- 1：T-400
- 2：YS-11、F-15J/DJ、U-125A
- 3：F-2A/B
- 4：E-2C、E-767
- 5：C-130H、U-4
- 6：T-4、T-7
- 7：F-4EJ/RF-4E、CH-47J、KC-767
- 8：C-1、UH-60J、C-2
- 9：U-125、F-35A

❸ **機種区分**：機体の用途（1桁）

- 1：輸送機
- 3：その他の固定翼機
- 4：回転翼機（ヘリコプター）
- 5：練習機
- 6：偵察機
- 8：戦闘機

❹ **製造順**：機種ごとに製造された順に付与（3桁）

- C-1：001〜
- U-125A：001〜
- U-125：041〜
- F-15DJ：051〜
- T-400：051〜
- C-130H：071〜
- F-2B：101〜
- B-747：101〜
- YS-11：151〜
- C-2：201〜
- U-4：251〜
- F-4EJ：301〜
- E-2C：451〜
- CH-47J：471〜
- F-2A：501〜
- E-767：501〜
- UH-60J：551〜
- T-4：601〜
- KC-767：601〜
- F-35A：701〜
- F-15J：801〜
- RF-4E：901〜
- T-7：901〜

Chapter 3

防空装備

航空自衛隊は24時間365日、片時も休むことなく我が国周辺の空を警戒監視しています。ここでは、警戒監視に使用されるレーダーや地対空誘導弾などの防空用装備について解説します。

写真：航空自衛隊

3-1 自動警戒管制（JADGE）システム
我が国の防空の要となる指揮統制システム

航空自衛隊では、創設期から我が国の周辺を警戒監視するためのレーダーサイトなどの施設を整備してきましたが、1969年3月から**自動警戒管制組織（BADGE_{バッジ}）システム**の運用を開始しました。これは各指揮所やレーダーサイトの間で取り交わされる指揮命令や航跡情報などの伝達・処理を、コンピューターの導入によって自動化を図った**全国規模の防空警戒管制システム**です。

BADGEは1989年から能力が向上した新しいシステムへの更新が始まりましたが、航空機やミサイルなどの進化をはじめ、周辺の情勢の変化や新たな脅威に対応するため、2009年7月からは新しく導入された**自動警戒管制（JADGE[※1]_{ジャッジ}）システム**の運用が開始されました。

JADGEはBADGEシステムの機能や性能を向上させたもので、航空自衛隊の作戦運用の基盤となるだけでなく、陸・海・空の各自衛隊の多種多様なシステムとネットワークを構成し、まさに**統合作戦の要となる指揮統制システム**です。

従来のシステムに比べて処理能力が大幅にアップしているだけでなく、弾道ミサイル防衛（BMD[※2]）システムの「頭脳」としての役割も果たします。

弾道ミサイル防衛では、地上のレーダーサイトや海上自衛隊のイージス艦のレーダーなどが探知した弾道ミサイルの情報を集約し、対象物の識別や落下地点の計算、迎撃方法の選定を自動的に行って、イージス艦やペトリオットPAC-3を装備する高射部隊などに伝達し、迎撃します。

※1 JADGE：Japan Aerospace Defense Ground Environment
※2 BMD：Ballistic Missile Defense

JADGEを中核とした防空システム

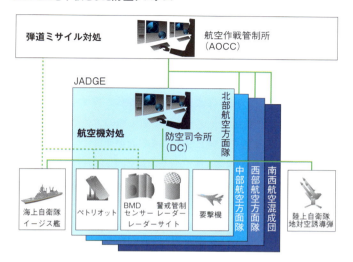

BMD整備構想・運用構想

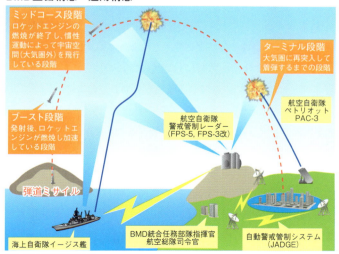

出典:平成28年版防衛白書

3-2 J/FPS-3、4 固定式警戒管制レーダー
国内開発されたAPA※方式の3次元レーダー

航空自衛隊では、戦後にアメリカ空軍が使用していた警戒管制レーダーを引き継いだほか、国内でも独自のレーダーを開発、装備してきました。**J/FPS-3**は1983年から試作が開始され、1991年に制式化された3次元レーダーで、**多数目標の方位や距離、高度といった3次元情報を瞬時に探知することが可能**です。

遠距離用と近距離用の2種類の空中線装置(アンテナ)から構成される回転式のアクティブ・フェイズド・アレイ(APA)レーダーで、1,000個を超えるアンテナ素子のそれぞれに送受信モジュールを備えています。また信号処理装置などを地下に設置したほか、レーダーアンテナとオペレーション・ルームを隔離することで抗堪性を向上させています。擬似電波発生装置(デコイ)から囮電波を発信して、対レーダーミサイルからの攻撃に対処することも可能です。

J/FPS-3は7か所のレーダーサイトに配備されましたが、2008年度からは弾道ミサイル防衛に対応するための能力向上が行われ、翌年度までにすべてが**J/FPS-3改**に改修されています。

J/FPS-4は、旧式のJ/FPS-1などの後継として国内で開発された3次元レーダーで、2枚の空中線装置を180度背中合わせに配置した**バック・トゥ・バック方式を採用**しています。

構成パーツに民生品を多用したり、構造の簡略化を図ることでコスト削減を実現しており、整備性や信頼性が向上しています。また機器にはカラー液晶ディスプレイやタッチパネルが採用されており、視認性や操作性も向上しています。

J/FPS-3と同様に擬似電波発生装置の装備により、抗堪性も配

※ APA：Active Phased Array

慮されています。

　J/FPS-4は2004年から導入が開始され、6か所のレーダーサイトに配備されました。

J/FPS-3は日本で開発、実用化された初めてのアクティブ・フェイズド・アレイ・レーダー。遠距離用と近距離用の2種類のアンテナを有する

写真：朝雲新聞／時事通信フォト

J/FPS-4は背中合わせに配置された2枚のアンテナが特徴のレーダーで、アンテナ面は回転しない構造になっている

写真：航空自衛隊

配備部隊：J/FPS-3改

第1警戒群（笠取山）、第23警戒群（輪島）、第27警戒群（大滝根山）、第33警戒群（加茂）、第35警戒隊（経ヶ岬）、第43警戒群（背振山）、第45警戒群（当別）

配備部隊：J/FPS-4

第7警戒隊（高尾山）、第15警戒隊（福江島）、第28警戒隊（網走）、第29警戒隊（奥尻島）、第44警戒隊（峯岡山）、第54警戒隊（久米島）

3-3 J/FPS-5、7 固定式警戒管制レーダー
弾道ミサイル防衛を担う新型の警戒管制レーダー

　J/FPS-5は航空機や巡航ミサイルのみならず、**弾道ミサイルの探知と追跡を目的**として国内で開発された、**アクティブ・フェイズド・アレイ方式**の警戒管制レーダーです。1999年から開発がスタートし、2005年に開発終了、2008年度から2011年度にかけて4か所のレーダーサイトに配備されました。

　J/FPS-5は、高さが約34mにおよぶ六角柱の建物の3つの壁面のそれぞれに大型の空中線装置（アンテナ）が配置されています。直径約18mの円形レドームに覆われたレーダーが航空機や弾道ミサイルに対する主警戒用で、残りの2面に配置された直径約12mの円形レドームに覆われたレーダーが、航空機に対する警戒用となっています。

　建物は回転式で、警戒したい任意の方向に指向させることが可能です。円形のレドームがまるで亀の甲羅のように見えるため、特撮映画の怪獣ガメラにちなんで「ガメラレーダー」の愛称で呼ばれています。

　J/FPS-7は、老朽化した警戒管制レーダーの後継機として国内で開発されたアクティブ・フェイズド・アレイ・レーダーです。**RCSが小さなステルス機や巡航ミサイルなどの目標に対応でき**るだけでなく、高額なJ/FPS-5に比べて大幅なコストダウンが図られています。2015年から導入が開始され、2018年からは弾道ミサイルの対処機能が付加されたJ/FPS-7Bが導入されます。

　J/FPS-7は昨今の情勢を考慮して西方から導入されており、現在までに5か所のレーダーサイトに対して配備が進められています（右ページ参照）。

Chapter 3　防空装備

「ガメラレーダー」の愛称で呼ばれるJ/FPS-5。導入された4基は段階的に改良が加えられて、初期のJ/FPS-5から5B、5Cまで3つのバージョンがある

写真：航空自衛隊

J/FPS-7のレーダーシステムは近距離探知用と遠距離探知用のアンテナを別個に設置する方式で、近距離用が3面、遠距離用が1面のアンテナから構成される。写真は遠距離用アンテナ　写真：航空自衛隊

配備部隊：J/FPS-5
第9警戒隊(下甑島)、第42警戒群(大湊)、第46警戒隊(佐渡)、第56警戒群(与座岳)

配備部隊：J/FPS-7
第13警戒群(高畑山)、第55警戒隊(沖永良部島)、第17警戒隊(見島)、第19警戒隊(海栗島)、第53警戒隊(宮古島)
※赤字は配備予定(予算取得済み)

3-4 J/TPS-102、J/TRQ-506
固定式の装備を代替、補完する移動式の装備

J/TPS-102は従来のJ/TPS-100やJ/TPS-101の後継として、1990年代前半に国内で開発された移動式の警戒管制レーダーです。自走式の空中線装置(アンテナ)や統制装置、中継装置などから構成されており、**固定式レーダーサイトが非稼動時の代替運用や、覆域の補完などの任務**に使用されます。

空中線装置に搭載される世界初となる円筒形のレーダーには、シリンドリカル・アクティブ・フェイズド・アレイ・アンテナを採用しています。

全方位や仰角にわたる電子ビーム走査や、異なる2方向に対して同時にビームを形成する機能などによって、従来の移動式レーダーよりも目標の捕捉・追尾能力やECCM性能が向上しています。またJADGEシステムと自動連接して運用できるなど、組織戦闘能力も備えています。

J/TPS-102は、4個の移動警戒隊のすべてに配備されています。

J/TRQ-506は、移動警戒隊や高射部隊などの移動する部隊における通信の確保を目的として国内で開発された、移動用のデジタル多重通信装置です。発動発電機を備えているため、**電源のない展開地でも中・長距離のデジタルデータ回線を臨時に構築**することができます。

自走式の空中線装置(NAS-162)4台と通信装置(NRT-144)2台から構成されており、空中線装置2台と通信装置1台が1組(最小単位)となります。これを両側に配置することで通信回線を構築します。2012年より導入が開始され、5個の移動通信隊のすべてに配備されています。

Chapter 3　防空装備

J/TPS-102の空中線装置。移動時は横に倒すことができる。円筒形のレーダーアンテナは回転させることなく全周の監視が可能なため、悪天候時でも影響を受けにくい構造になっている

J/TRQ-506の空中線装置。移動時は後方の車両のようにアンテナを2分割して折りたたむことができる。音声や映像、データ、LANによる通信が可能で、通信伝送速度は最大で26Mbps（1.5Mbps×2〜16）

配備部隊：J/TPS-102
第1移動警戒隊（千歳）、第2移動警戒隊（入間）、第3移動警戒隊（春日）、第4移動警戒隊（那覇）

配備部隊：J/TRQ-506
第1移動通信隊（熊谷）、第2移動通信隊（春日）、第3移動通信隊（千歳）、第4移動通信隊（車力）、第5移動通信隊（那覇）

3-5 ペトリオット地対空誘導弾

航空機と弾道ミサイルの終末段階を迎撃

MIM-104 ペトリオット (PATRIOT[※1]) は MIM-14 ナイキJの後継機として、1989年からライセンス生産により導入が開始された地対空誘導弾(ミサイル)です。多機能なフェイズド・アレイ・レーダーやTVM[※2]誘導方式の採用、さらにコンピューターの大幅な活用によって、各種機能の自動化、迅速化、高精度化が図られています。**超低高度から高高度までの複数目標に同時に対処が可能で、高い迎撃能力**を有しています。

ペトリオットのシステムは、ミサイルを収容したキャニスターを4個搭載可能な発射機をはじめ、レーダー装置、射撃管制装置、情報調整装置、無線中継装置、アンテナ・マスト・グループ、電源装置などから構成されており、すべて移動可能なトレーラーに搭載されています。

これまでペトリオットはMIM-104A(スタンダード弾)、MIM-104C(PAC[※3]-2弾)、MIM-104D(GEM[※4]弾)と段階的に能力向上が図られており、2007年からは弾道ミサイルに対応するため、**PAC-3**と呼ばれるタイプに更新されています。PAC-3は誘導精度を高めるため、先端に終末誘導用のアクティブ・レーダーを内蔵するほか、機動性を向上させるためのサイドスラスターを装備しています。また弾体の直径が小型化されたことにより、1個のキャニスターに収容できる弾数が従来の1発から4発に増加しています。なお、2014年からの中期防衛力整備計画では、能力向上型の**PAC-3 MSE**[※5]の導入が計画されています。MSEは小径化によって減少した射程を5割程度延伸させ、折りたたみ式の大型の操舵翼によってさらに機動性が向上しています。ただ、直径が太く

[※1] PATRIOT : Phased Array Tracking Radar to Intercept On Target
[※2] TVM : Track Via Missile
[※3] PAC : Patriot Advanced Capability

なったため、PAC-3のキャニスターへの収容弾数は4発から3発に減ることになります。

　航空自衛隊では全国に6個の**高射群**を配置しており、1個の高射群はそれぞれ4個の高射隊から編成されています。各高射隊にはPAC-2/3の発射機が5基配備されており、その内訳は2基がPAC-3用、そして残り3基がPAC-2用の発射機となります。

M902発射機は4個のキャニスターを装備できるため、PAC-3では最大で16発を搭載することができる（写真は2個）

AN/MPQ-53フェイズド・アレイ・レーダーは約4cm大の送受信素子5,000個で構成されている。一度に100個以上の目標を追尾し、同時に9発のミサイルを誘導できる。最大探知距離は航空機なら170km、弾道ミサイルなら100km

主要諸元：PAC-3

全長：5.22m　翼幅：0.48m　直径：0.25m　重量：320kg　誘導方式：TVM＋アクティブ・レーダー誘導　上昇限度：15,000m　射程：約20km　飛翔速度：マッハ5

配備部隊

第1高射群（入間）、第2高射群（春日）、第3高射群（千歳）、第4高射群（岐阜）、第5高射群（那覇）、第6高射群（三沢）、高射教導群（浜松）、第2術科学校（浜松）

※4　GEM：Guidance Enhanced Missile
※5　MSE：Missile System Enhanced

3-6 81式短SAM※、基地防空用SAM
基地の防空を担う短射程の地対空ミサイル

　防衛庁技術研究本部(現:防衛装備庁)では、1960年代後半から国産初となる地対空誘導弾(SAM-1)の開発をスタートさせました。これは要撃戦闘機やナイキJといった地対空誘導弾などの防空システムで撃破できなかった目標機を阻止するために、短射程の対空火器と連携して防空を行う短射程のSAMで、1981年に**81式短距離地対空誘導弾**として**制式化**されました。

　この**短SAM**とも呼称される地対空誘導弾は、73式大型トラックの後部に射撃統制管制装置を搭載した車両1台と、発射装置を搭載した車両2台から構成されています。発射装置はミサイルを4発装塡可能で、車両脇のステップには予備弾を収納したコンテナを装備できます。

　射撃統制装置にはフェイズド・アレイ方式の多機能レーダーが採用されています。発射後、ミサイルはオートパイロットで目標の近くまで飛翔し、その後は目標が放射する赤外線を追尾するIRホーミング誘導に切り替わります。ミサイルは自力で目標を追尾する**撃ちっ放し能力**を備えているため、発射後すぐに別の目標に指向し、連続して攻撃することが可能です。また目視照準具を使用した、目視による目標の指定もできます。

　まず陸上自衛隊で導入され、航空自衛隊には1983年から基地防空隊に対して導入が開始されています。

　短SAMには小型の空対地ミサイルや巡航ミサイルに対処する能力が欠けているため、その後継として2005年から開発が進められ、2011年に制式化されたのが11式短距離地対空誘導弾です。航空自衛隊では**基地防空用地対空誘導弾**の名称で導入が進めら

※　SAM: Surface to Air Missile

れています。

　短SAMと同様に車載式の射撃統制装置1台と発射装置2台で構成されており、航空自衛隊向けの発射装置は高機動車に搭載されています。射撃統制装置のレーダーはアクティブ・フェイズド・アレイ方式に改められたほか、ミサイルの誘導もアクティブ・レーダー方式が採用されています。

短SAMの発射装置と射撃統制装置(写真奥の車両)。両脇のコンテナからランチャーへの装塡は、動力を使用してコンテナ内から弾体が持ち上げられてセットされる

高機動車に搭載された基地防空用地対空誘導弾の発射装置。ミサイルは発射されるまでキャニスターに収納されているため、取扱性や整備性が向上している

主要諸元：81式短SAM

全長：約2.7m　翼幅：約0.6m　直径：約0.16m　重量：約100kg　誘導方式：赤外線誘導　飛翔速度：約マッハ2.4　最大射程：7km

配備部隊

第2基地防空隊(千歳)、第3基地防空隊(三沢)、第4基地防空隊(松島)、第5基地防空隊(新田原)、第6基地防空隊(小松)、第7基地防空隊(百里)、第8基地防空隊(築城)、第9基地防空隊(那覇)

主要諸元：基地防空用SAM

全長：2.93m　直径：約0.16m　重量：約100kg　誘導方式：アクティブ・レーダー誘導　配備状況：各基地防空隊に対して配備が進行中

3-7 91式携SAM、対空機関砲VADS-1改
基地防空の最終段階を担う対空火器

　FIM-92スティンガー携帯式地対空誘導弾の後継として、防衛庁技術研究本部がSAM-2として1980年代に国内で開発、1991年に制式化されたのが**91式携帯地対空誘導弾**です。まず陸上自衛隊で導入され、航空自衛隊には1993年から基地防空隊に対して導入が開始されています。

　この**携SAM**とも呼称される地対空誘導弾は、目標の形状(可視光画像)を認識するCCD[※1]センサーと、目標から放射される赤外線を検知する2種類のセンサーによる**複合誘導方式を採用**しています。これにより、従来の赤外線誘導のみのFIM-92スティンガーでは困難だった目標の正面からの要撃や、ヘリコプターなどの低熱源目標に対する要撃が可能になっています。また高い熱源を放出するフレア(熱源囮)などの妨害手段の影響も受けにくくなっています。

　基地防空の最終段階を担当する**対空機関砲VADS**[※2]**-1改**は、低空で侵入する亜音速機の迎撃を目的とした半自動の独立対空火器です。20mmバルカン砲が有する高速発射性能に加え、リードコンピューティング・サイトと測距レーダーにより、**移動する目標に対する見越し角を自動的に計算する機能**を備えています。また射手が目視で目標を補足した後は、TVカメラの画像情報を活用した自動追尾機能を有しているため、精度の高い射撃が実施できるほか、射手の負担が軽減されています。

　すべての機器を単一のトレーラー上に搭載できるため、トラックでの牽引によって短時間で容易に展開できます。

　VADS-1改も8個の基地防空隊のすべてに配備されています。

※1　CCD : Charge Coupled Device
※2　VADS : Vulcan Air Defense System

Chapter 3　防空装備

91式携帯地対空誘導弾は兵員が肩に担ぐ形で使用する。弾体には展開式の翼が前後に4枚ずつ配置されており、前翼が操舵翼となる
写真：陸上自衛隊

戦闘機などに搭載されているM61 20mmバルカン砲を対空用に転用したのがVADSである。VADS-1改では右側の測距レーダー用の半球型のアンテナに加えて、中央の上部にはドーム型のTVカメラが配置されている

主要諸元：携SAM

全長：1.43m　翼幅：約0.09m　直径：0.08m　重量：17kg　誘導方式：可視光画像＋赤外線誘導　射程：5km

主要諸元：VADS-1改

全幅：3.82m　全長：4.30m　全高：2.94m　重量：1.8t　有効射程：1.2km　搭載弾数：500発　発射速度：3,000（1,000）発/分（切替式）　射撃範囲：方位角360度、高低角－5〜＋80度
※寸法は布設時の諸元

配備部隊

第2基地防空隊（千歳）、第3基地防空隊（三沢）、第4基地防空隊（松島）、第5基地防空隊（新田原）、第6基地防空隊（小松）、第7基地防空隊（百里）、第8基地防空隊（築城）、第9基地防空隊（那覇）

Column 3

航空自衛隊の車両
まさに「縁の下の力持ち」

　航空自衛隊は、航空機の他にも様々な種類の車両を装備しています。通常の業務車をはじめ、人員を輸送するためのバス、物資などを輸送するトラック、そして航空機の運用に関わる車両では、航空機をトーイングする牽引車や燃料を補給する燃料給油車、輸送機に物資を搭載するカーゴローダーなど、そのほかにも任務を遂行する上で必要な車両を多数保有しており、その車種には以下のようなものがあります。

人員などの輸送：業務車、小型人員輸送車（マイクロバス）、大型人員輸送車（大型バス）ほか

物資などの輸送：小型トラック、中型トラック、大型トラックほか

消防・救難：救急車、救難車、消防車、破壊機救難消防車、給水車ほか

給油：小型燃料給油車、中型燃料給油車、大型燃料給油車、セミトレーラー型燃料給油車、燃料タンク車ほか

荷役・牽引：カーゴローダー、ハイリフトローダー、フォークリフト、航空機用牽引車ほか

施設・除雪：ブルドーザー、油圧ショベル、クレーン車、除雪車、モーターグレーダー、融氷液散布車ほか

その他：軽装甲機動車、電源車、起動車、高所作業車、炊事車ほか

A-MB-3大型破壊機救難消防車。滑走路脇に待機して離着陸時の安全を確保する。全長は約12mで、最大積載量は11,000kg

20kL（キロリットル）燃料給油車。航空機に毎分2,270Lの燃料を給油することができる。全長は約12mで、最大積載量は16,000kg

Chapter 4

航空機に搭載する装備

航空自衛隊の作戦機には、任務を遂行するために様々なウエポン（兵器）を搭載します。ここでは航空機に搭載される誘導弾や弾薬、訓練用の装備などについて解説します。

4-1 AIM-9L、AIM-7M 空対空ミサイル

F-15Jと同時に導入された空対空ミサイル

航空自衛隊では、F-86F時代のAIM-9Bサイドワインダーに始まり、F-104JではAIM-9E、そしてF-4EJではAIM-4DやAIM-7Eなど、機体の世代に合わせて装備する空対空ミサイル(AAM[※])もまた進化してきました。

現用の**AIM-9L**は、F-15Jと同時に導入が開始されたサイドワインダー・シリーズの発展型で、目標機から放射される赤外線を追尾するIRホーミング誘導方式ながら、初めて目標の前方象限からの攻撃能力を獲得した空対空ミサイルです。またミサイルの眼の役割を果たすシーカー(探知装置)を、機体に搭載されているレーダーでロックオンすることで、その目標に対して確実に指向させることができるようになりました。

F-15J/DJをはじめ、F-2A/Bや近代化改修を終えたF-4EJ改で運用されています。

AIM-7M スパローは、F-15Jと同時に導入されたAIM-7Fの発展型で、搭載母機のレーダーでロックオンした目標からの反射波を追尾する、セミアクティブ・レーダー誘導方式の空対空ミサイルです。

ただ、目標にミサイルが命中するまではロックオンを継続する必要があるため、発射した機体の回避行動に制約を受けることから、最近では**撃ちっ放し能力がある国産のAAM-4やAIM-120 AMRAAMなどに代表されるアクティブ・レーダー誘導方式のミサイルが主流**になってきています。

AIM-7MもF-15J/DJをはじめ、F-2A/Bや近代化改修を終えたF-4EJで運用されています。

※ AAM : Air to Air Missile

Chapter 4 　航空機に搭載する装備

AIM-9Lサイドワインダー空対空ミサイル。前方に配置された2段階の後退角を持つ操舵翼が特徴的。ほかのIRミサイルと同様に撃ちっ放し能力を有する

AIM-7Mスパロー空対空ミサイル。新型のシーカーの採用により電子妨害に対抗する能力や信頼性が向上したほか、信管や弾頭の改良で破壊力が高まっている

主要諸元：AIM-9L

全長：2.89m　翼幅：0.635m　直径：0.127m　重量：86kg　弾頭重量：9.4kg　誘導方式：赤外線誘導　最大速度：マッハ2.5以上　射程：約18km　搭載機種：F-15J/DJ、F-2A/B、F-4EJ改（近代化改修機）

主要諸元：AIM-7M

全長：3.66m　翼幅：1.02m　直径：0.203m　重量：231kg　弾頭重量：40kg　誘導方式：セミアクティブ・レーダー誘導　最大速度：マッハ4　射程：70km　搭載機種：F-15J/DJ、F-2A/B、F-4EJ改

4-2 AAM-3、AAM-5空対空ミサイル
進化を続ける国産の空対空ミサイル

AAM-3はAIM-9Lの後継として国内で独自に開発された赤外線(+紫外線)誘導方式の空対空ミサイルで、1990年に90式空対空誘導弾として制式化されました。

格闘戦能力の向上をはじめ、フレアなどの赤外線妨害手段に対抗するための**IRCCM**[※1]**能力**、ECM環境下でレーダーが使用できない場合に目標捕捉能力を向上させる**セルフサーチ機能**が付与されています。格闘戦能力の向上では、シーカーの首振角の拡大や高い追尾角速度の実現により**オフ・ボアサイト能力**を高めたほか、飛翔制御には航空機のようにミサイルを旋回方向へ傾けて機動する**バンク・トゥ・ターン方式**を採用しています。

F-15J/DJをはじめ、F-2A/Bや近代化改修を終えたF-4EJ改で運用されています。

AAM-5はAAM-3をさらに発展させた国産の空対空ミサイルで、2004年に04式空対空誘導弾として制式化されました。

交戦範囲をさらに拡大するため、シーカーの首振角の拡大に加えて、操舵翼を尾部に配置するとともに**推力偏向制御**(**TVC**[※2])を採用しています。また多素子化されたシーカーにより赤外線画像(IIR[※3])方式による誘導が可能になり、IRCCM能力が向上しました。さらに飛翔過程の前半ではINSによる慣性誘導方式を採用しており、JHMCSなどのヘルメット装着式照準器と組み合わせることで、**発射後のロックオン**(**LOAL**[※4])も可能になっています。現在ではシーカーの能力向上や冷却持続時間の延長を図った**AAM-5B**に進化しています。AAM-5は搭載改修を終えたF-15J/DJをはじめ、F-2A/Bへの装備化も進められています。

※1 IRCCM:Infra-Red Counter-Counter Measures
※2 TVC:Thrust Vector Control
※3 IIR:Imaging Infra-Red
※4 LOAL:Lock On After Launch

Chapter 4　航空機に搭載する装備

AAM-3空対空ミサイル。前部の操舵翼には付根部分に切り欠きがある独特の形状が採用されている。赤いカバーがかけられている部分はアクティブ・レーザー方式の近接信管で、指向性弾頭との組み合わせにより大きな破壊力を発揮する

AAM-5空対空ミサイル。シーカーのドームカバー部分の形状からも大きな首振角を有していることがわかる。弾体の中央に細長いストレーキ（主翼）と、尾部にTVC付きの操舵翼を配置することで高い機動性を確保している

尾部のノズルに装備された4枚のジェットベーン。これによりロケットモーターの推力を偏向させる

主要諸元：AAM-3

全長：3.019m　翼幅：0.587m　直径：0.127m　重量：90.7kg　弾頭重量：15kg　誘導方式：赤外線（＋紫外線）誘導　飛翔速度：マッハ2.5　射程：13km　搭載機種：F-15J/DJ、F-2A/B、F-4EJ改

主要諸元：AAM-5

全長：3.105m　翼幅：0.412m　直径：0.127m　重量：95kg　誘導方式：慣性＋赤外線画像誘導　飛翔速度：マッハ3　射程：35km　搭載機種：F-15J/DJ、F-2A/B

4-3 AAM-4空対空ミサイル
国産初のアクティブ・レーダー誘導のAAM

AAM-4は2000年代初頭以降に予想される戦闘状況下において、脅威となる航空機や空対地ミサイルなどに対処するために国内で開発された、AIM-7F/Mに代わる中射程の空対空ミサイルです。1999年に99式空対空誘導弾として制式化されました。

誘導方式は初期から中期においてはINSによる慣性誘導、終末では内蔵されたシーカーによる**アクティブ・レーダー誘導**を採用しています。そのため発射後に母機が回避機動を取ることが可能な撃ちっ放し能力を備えているほか、同時多目標対処能力も獲得しています。またシーカーや専用の指令送信機などが使用する電波に特殊な変調方式を導入することで、**電子妨害に対抗するECCM※能力を高いレベルで実現**しています。

弾体のサイズをAIM-7と同等にすることで、ランチャーなどの共通化を図ったほか、空気抵抗が少ない弾体形状や、燃焼パターンを2段階に変化させるデュアル・スラスト・ロケットモーターの採用により、長い射程を実現しています。具体的な数値は非公表ながら、**AIM-7の倍となる100km以上に達する**と言われています。さらにアクティブ・レーダー方式の近接信管と大型の指向性弾頭により高い撃墜率を実現したほか、空対地ミサイルなど超低空目標への対処能力も獲得しています。

2010年度からは改良型の**AAM-4B**の調達が開始されています。シーカーをアクティブ・フェイズド・アレイ方式に変更し、新しい方式の信号処理機能を追加したことで射程の延伸を図ったほか、ECCM能力や、レーダーによる探知が困難な横行目標への対処能力が向上しています。

※ ECCM：Electronic Counter-Counter Measures

AAM-4は開発時期が比較的新しいことや、専用の機器が必要になることから、搭載改修を終えたF-15J/DJとF-2のみの運用に限定されています。

胴体の側面に4発のAAM-4を搭載したF-15J近代化改修機。AIM-7と同じサイズで開発されたため、ランチャー以外に大幅な改修を施すことなく機体に適合させることができた。実際の運用に際しては、専用の指令送信機の追加と火器管制用ソフトウェアの更新などが必要である

アクティブ・フェイズド・アレイ・シーカーを採用したAAM-4B。AAM-4はスパローとは異なり後ろが操舵翼となる。前翼の後方に見える黒色の四角形の部分がアクティブ・レーダー方式の近接信管

主要諸元

全長：3.667m　翼幅：約0.77m　直径：0.203m　重量：222kg　誘導方式：指令慣性＋アクティブ・レーダー誘導　飛翔速度：マッハ4以上　射程：100km以上（推定）　搭載機種：F-15J/DJ、F-2A/B（いずれも搭載改修済みの機体のみ）

4-4 ASM-1、ASM-2対艦ミサイル
様々なバージョンに発展した国産のASM※

ASM-1はF-1支援戦闘機に搭載する我が国初の対艦ミサイル（ASM）として開発され、1980年に80式空対艦誘導弾として制式化されました。

誘導方式は飛翔の初期から中期段階が慣性航法で、終末にはアクティブ・レーダー誘導を採用しています。発射後は内蔵された電波高度計により海面上を超低空で飛翔し、目標に接近した時点で自らのレーダーでロックオンして目標に向かいます。推進装置には**固形燃料のロケットモーター**を使用しています。

ASM-1は設計段階から将来の発展性を考慮して、ミサイルの機能単位ごとにモジュール化が図られています。発展型のASM-2をはじめ、陸上自衛隊のSSM-1地対艦誘導弾や海上自衛隊のSSM-1B艦対艦誘導弾、P-3C哨戒機搭載型のASM-1C空対艦誘導弾など、**国産対艦ミサイル・ファミリーの原型**となっています。

ASM-2はASM-1の発展型として、射程の延長や命中精度の向上などを図るために開発された対艦ミサイルで、1993年に93式空対艦誘導弾として制式化されました。

終末誘導には、対妨害性に優れ、高度な目標識別機能を有する赤外線画像（IIR）誘導方式を採用したほか、推進装置を**ターボジェット・エンジン**にすることで射程が大幅に延伸されています。また弾頭も脆弱性の改善や焼夷効果が付加されたほか、主翼と後部の操舵翼にはステルス性が与えられています。

ASM-1/-2のいずれのミサイルも、F-2A/Bや近代化改修を終えたF-4EJ改で運用されています。現在は後継となるXASM-3の開発が進められています。

※ ASM：Anti Ship Missile

Chapter 4 航空機に搭載する装備

国産初の空対艦ミサイルであるASM-1。先端の濃いグレーのレドーム部分にはアクティブ・レーダー方式のシーカーが内蔵されている。ミサイルの構成は前方から誘導部、制御部、弾頭部、推進装置部、操舵部の順

ASM-2は基本的な形状はASM-1と同じながら、先端部分が赤外線シーカーに変更されているほか、主翼の下側にターボジェット・エンジンに空気を供給するためのインテークが設けられている

主要諸元：ASM-1

全長：3.98m　翼幅：1.19m　直径：0.35m　重量：600kg　誘導方式：慣性航法＋アクティブ・レーダー誘導　飛翔速度：約マッハ0.9　射程：50km（推定）　搭載機種：F-2A/B、F-4EJ改

主要諸元：ASM-2

全長：3.98m　翼幅：1.19m　直径：0.35m　重量：532kg　誘導方式：慣性航法/GPS＋赤外線画像誘導　飛翔速度：マッハ0.9以上　射程：144km以上（推定）　搭載機種：F-2A/B、F-4EJ改

4-5 GCS-1誘導装置、JDAM誘導爆弾

誘導弾化により命中精度が向上した各種の爆弾

　従来から装備されているMk.82(500ポンド)爆弾やJM117(340kg)爆弾に対して、侵攻艦船などに対する高精度の爆撃能力を付与するために国内で開発された装着式のキットが**GCS-1**です。1991年に91式爆弾用誘導装置として制式化されました。

　赤外線方式の誘導装置の採用により命中精度が大幅に向上しているほか、展張式の安定翼による飛翔距離の延伸や、投下後に回避機動が直ちに取れることなどから、母機の残存性が向上しています。

　GCS-1にはMk.82用のⅠ型とJM117用のⅡ型がありますが、F-2ではⅡ型の搭載に関する試験が実施されていないため、F-1が退役した現在、Ⅱ型が運用可能なのはF-4EJ改のみです。

　航空自衛隊では2007年ごろから**JDAM(統合直接攻撃弾)**の導入を開始しました。JDAMはGPSによりピンポイントの精密爆撃を可能にした誘導爆弾で、キットを装着する通常爆弾のサイズに応じて多くの種類があります。航空自衛隊ではMk.82(500ポンド)をベースにしたGBU-38/Bを採用しています。

　なお2010年からは、セミアクティブ・レーザー誘導方式を併用した**GBU-54/BレーザーJDAM**の導入も開始しています。これは目標に照射されたレーザーを追尾することで、さらに高い精度の爆撃を実現したものです。ただ現時点では航空機からのレーザー照射が可能なターゲティング・ポッドが装備化されていないため、**レーザー照射は地上部隊から行うことになります**。

　JDAMはF-2A/Bのみが運用可能ですが、さらに今後はGBU-12やGBU-31、GBU-39などの誘導爆弾の導入も計画されています。

Chapter 4 航空機に搭載する装備

GCS-1爆弾用誘導装置を装着したMk.82爆弾。先端に赤外線シーカーが装備されており、そのすぐ後方に操舵翼が配置される。後部には投下後に展開する安定翼が装備されている。奥に見えるのはGCS-1を装着したJM117爆弾

F-2に搭載されたGBU-38/B JDAM。先端の白い半球状の部分は近接センサーで、すぐ脇には飛翔性能を高めるためのストレーキ（フィン）が装着されている。後部のテールキットには誘導用のシステムやGPSアンテナなどが組み込まれており、4枚の操舵翼で目標に向けて誘導される

GBU-54/B LJDAMの導入により、移動目標に対するピンポイント爆撃が可能になった。通常のJDAMとの外観上の違いは、先端の黒い半球状の部分にレーザーの感知窓が設けられている点や、下部に配線用の保護カバーが取り付けられている点など

主要諸元：GCS-1（Mk.82用）
全長：2.873m　翼幅：0.99m　直径：0.38m　重量：280kg　誘導方式：赤外線誘導　搭載機種：F-2A/B、F-4EJ改

主要諸元：GBU-38/B
全長：2.44m　翼幅：0.43m　直径：0.27m　重量：251kg　誘導方式：慣性航法＋GPS誘導　搭載機種：F-2A/B

4-6 JM61A1機関砲、2.75inロケット弾
機内に装備される機関砲と無誘導のロケット弾

　航空自衛隊の戦闘機では、主翼や胴体に装備されたランチャーにミサイルなどの兵装を搭載しますが、その他にも機内に20mm機関砲を固定装備しています。

　この**JM61A1**は6本の砲身が環状に並べられた20mm口径のガトリング砲で、油圧により砲身を回転させながら給弾・装填・発射・排莢というサイクルを繰り返すことにより連続的な射撃が可能な構造になっており、1分間に最大6,000発という高い発射速度を誇っています。

　JM61A1で使用される20mm弾には、命中時に炸裂する焼夷榴弾のほか、領空侵犯機に対する警告射撃などに使用される曳光信号弾、そして射撃訓練に使用する訓練弾や曳光訓練弾、搭載訓練に使用される模擬弾などの種類があります。

　なおM61シリーズは、航空機以外に、艦艇や地上部隊の低高度防空用機関砲としても採用されています。

　2.75インチ (70mm) ロケット弾 (FFAR※) は航空機に搭載する無誘導のロケット弾で、航空自衛隊では創設当初から装備している歴史のある弾薬です。初期は航空機に対する攻撃訓練も行われていましたが、空対空ミサイルが進化した現代では、主に空対地(水)攻撃に使用されます。ただ、こちらもいずれは誘導爆弾に取って代わられると思われます。

　ロケット弾は目標に応じて先端の弾頭や信管を選択することが可能です。航空自衛隊では19発が装塡可能な**JLAU-3/Aロケット弾ポッド**を介して機体に搭載します。

　JLAU-3/AはF-2A/BやF-4EJ改で運用されています。

※ FFAR：Folding Fin Aerial Rocket

Chapter 4　航空機に搭載する装備

F-4EJに搭載されているJM61A1機関砲。上部にある黒い円筒形のケースは20mm弾を635発収容可能な弾薬ドラム

JM51A1 20mm機関砲用模擬(ダミー)弾

2.75インチのFFARが19発装填可能なJLAU-3/Aロケット・ランチャー。先端には空気抵抗の軽減のための半球状のフェアリングを装備することもできる

主要諸元：JM61A1

全長：1.827m　口径：20mm　砲身：6本　重量：112kg（本体のみ）　発射速度：6,000(4,000)発/分(切替式)　搭載機種：F-15J/DJ、F-2A/B、F-4EJ改

主要諸元：2.75in FFAR

全長：1.06m　翼幅：0.17m　直径：0.07m　重量：6.2kg　最大射程：10.5km　搭載機種：F-2A/B、F-4EJ改
※寸法と重量はロケットモーター部のみの諸元(弾頭は含まず)

4-7 J/AAQ-2、AN/AAQ-33ポッド
悪条件下での航法や目標選定を実現

J/AAQ-2外装式FLIR[※1]**装置**は、夜間や悪視程時あるいは電子戦環境下で、目標の赤外線映像を表示することで航法能力の向上を図るために国内で開発された、**F-2搭載用の赤外線前方監視ポッド**です。2007年から量産型の導入が開始されています。

J/AAQ-2の構成は、先端のセンサー部とポッド部（信号処理部、電源部、環境制御部）に分かれていて、センサー部の球形のターレットやポッド取り付け用のアダプターの前方には、赤外線のセンサーが内蔵されています。センサーで取得された赤外線画像は、コクピットの多機能ディスプレイやヘッド・アップ・ディスプレイに表示されてパイロットの視界を補完するほか、地上の目標の捜索・追尾や測距なども可能になっています。

AN/AAQ-33スナイパーは、GBU-54/B LJDAMなどのレーザー誘導兵器の運用に必要なレーザー追尾照射機能を獲得するため、2013年に選定されたロッキード・マーチン社の**先進照準ポッド（ATP**[※2]**)**です。アメリカをはじめ18か国で採用されており、F-15やF-16、A-10、B-1、ユーロファイターなど様々な機種への搭載が可能です。

ポッド先端のくさび形の保護ガラスの内部に装備されたセンサー類により、FLIRをはじめCCD-TV、デュアルモード・レーザーによる目標追尾などの機能を備えています。またデータリンクにより、取得した画像を地上の部隊などにリアルタイムに送信することも可能です。

いずれのポッドも、F-2のエア・インテークの右脇に搭載されます。

※1 FLIR：Forward Looking Infra-Red
※2 ATP：Advanced Targeting Pod

Chapter 4　航空機に搭載する装備

J/AAQ-2外装式FLIR装置。先端の乳白色のカバー部分にセンサーが内蔵されている。ポッドの後方には冷却用のエア・インテークが配置されている

AN/AAQ-33スナイパー先進照準ポッド。先端のターレットがロール方向に回転するほか、内蔵されたセンサーがピッチ方向に回転することで目標の追尾などを可能にしている

写真：ロッキード・マーチン

主要諸元：J/AAQ-2
全長：2.16m　直径：0.30m　重量：145kg　搭載機種：F-2A/B

主要諸元：AN/AAQ-33
全長：2.52m　直径：0.305m　重量：202kg　搭載機種：F-2A/B

4-8 AN/ALQ-131、J/ALE-41 ポッド
電子対抗手段によって自身を守る装備

AN/ALQ-131 (V) 自己防御ポッドは、相手のレーダーなどに対して電子対抗手段 (ECM) を実施することにより自機などを守る外装式のジャミング・ポッドです。**武装を持たないRF-4E偵察機の自衛用**として1990年代に導入が開始されました。

AN/ALQ-131は1970年代にアメリカで開発され、現在までに様々な改良が施されてきました。モジュール構造を採用しているため、モジュールの追加や変更などによって周波数帯の追加や送信出力の変更を自由に行えるという特長があります。

AN/ALQ-131が実施可能な電子対抗手段には、相手のレーダーに対して広い周波数帯域に強力な電波を発信して探知を困難にする**広帯域雑音 (バラージ) 妨害**や、自機の反射波よりも強い欺瞞信号を少し間隔をおいて発信して距離を欺く**距離欺瞞**、反射波の位相を変化させた欺瞞信号を発信して自機の方位を欺く**角度欺瞞**、自機の周波数偏移 (ドップラー・シフト) とは異なる欺瞞信号を発信して速度を欺く**速度欺瞞**などがあります。AN/ALQ-131はRF-4E/EJをはじめ、F-4EJ改やF-15DJなどで運用されています。

J/ALE-41 チャフ散布装置は、レーダー波を反射する金属コーティングを施した細いワイヤー状のチャフを空中に散布し、広域にわたって**レーダーを無力化する回廊 (コリドー) を形成**する外装型のポッドです。内部には様々な周波数帯に対応した長さのチャフが複数装填されており、任意に選択した種類のチャフを散布できます。J/ALE-41はEC-1をはじめ、F-4EJ改やT-4で運用されています。

Chapter 4　航空機に搭載する装備

AN/ALQ-131（V）自己防御ポッド。先端と後端にアンテナを装備しており、内部には欺瞞妨害時の出力信号レベルの調整が可能な出力制御式のモジュールを備えている。またポッドのプログラムは書き換えが可能なため、様々な脅威に対応できる

初期に輸入されたAN/ALE-41Kチャフ・ポッド。先端の穴から取り入れた空気（ラムエア）の力によってチャフが散布される。AN/ALE-41Kは後にライセンス生産されてJ/ALE-41となった

主要諸元：AN/ALQ-131

全長：約2.8m　全幅：約0.3m　全高：約0.6m　重量：約300kg　搭載機種：RF-4E/EJ、F-4EJ改、F-15DJ

主要諸元：J/ALE-41

全長：3.37m　直径0.498m　重量：245kg　搭載機種：EC-1、F-4EJ改、T-4

4-9 ALE-40、45J、47ディスペンサー
自衛用の囮(デコイ)を射出する、現代では必須の装備

航空自衛隊では1980年代の前半から、F-4EJに対して自衛用のチャフやフレアを射出可能にするため、**AN/ALE-40チャフ・フレア・ディスペンサー**の導入を開始しました。

フレアは赤外線誘導方式のミサイルから身を守るため、強い熱源を放出する囮(デコイ)です。最近では光波シーカーの進化に対応するため、赤外線だけでなく**可視光線や紫外線をカバーするタイプ**も開発されています。

F-4EJでは主翼下の内側に装着されているパイロンの後端に装備されています。30発のチャフまたは15発のフレアを装填したマガジンを最大で4個搭載できます。

ALE-45JはF-15J/DJ用の対抗手段散布装置(CMD※)として、1987年から導入されたチャフ・フレア・ディスペンサーです。胴体の下面に内装された8か所のディスペンサーに、30発のチャフまたは15発のフレアを装填したマガジンのいずれかを任務に応じて搭載できます。射出はパイロットによるマニュアル(手動)操作で行われますが、射出されるチャフやフレアの弾数や射出の間隔は、**事前にプログラムしておくことが可能**です。

ALE-47はF-2A/B用の対抗手段散布装置として、1996年から導入されたチャフ・フレア・ディスペンサーです。ほかのCMDと同様に30発のチャフまたは15発のフレアを装填したマガジンのいずれかを、後部胴体下面の2か所と垂直尾翼付根部の右側2か所に搭載できます。射出はパイロットによるマニュアル操作のほか、レーダー警戒受信機などと連接して、**脅威が迫った際に自動的に射出するモード**も備えているようです。

※ CMD:Counter Measures Dispenser

Chapter 4 航空機に搭載する装備

F-4EJ改のパイロンの後端に装備されたAN/ALE-40。右側の白い正方形のカートリッジがチャフで、左側の赤い長方形のカートリッジがフレア

F-15J/DJの胴体下面に内装されたALE-45J。搭載弾数はF-4EJ改やF-2A/Bの2倍で、近代化改修機ではF-2と同じALE-47に換装される

胴体下面のALE-47からフレアを射出する第3航空団のF-2A

主要諸元：AN/ALE-40

最大搭載数：チャフ30発またはフレア15発　搭載機種：F-4EJ改

主要諸元：ALE-45J

最大搭載数：チャフ30発またはフレア15発　搭載機種：F-15J/DJ

主要諸元：ALE-47

最大搭載可能数：チャフ30発またはフレア15発　搭載機種：F-2A/B、F-15近代化改修機

4-10 AGTS-36曳航標的、JAQ-1水上標的
射撃訓練に使用される各種の標的

A/A37U-36曳航標的装置(**AGTS**※**-36**)は、F-15JまたはF-4EJ改に搭載可能な射撃訓練用の標的システムです。航空自衛隊では20mm機関砲の射撃訓練に使用しています。

このシステムはTDK-39曳航標的とRMK-35曳航用リールから構成されており、標的を曳航機から約700m後方に繰り出して使用します。標的の後方にはビジュアル・オグメンターと呼ばれるオレンジ色の吹き流しが展開され、そこに照準して射撃を実施します。**有効な射撃範囲を通過した20mm弾の数はセンサーでカウントされ、曳航機のコクピット内に表示**されます。

AGTS-36では従来のバンナー標的やダート標的システムに比べて、大きく機動する目標を模擬した実戦的な射撃訓練が可能になっています。曳航機は高度40,000フィート(約12,200m)、速度マッハ0.9以下の範囲内で、最大で6Gまでの機動を行うことが可能です。

JAQ-1水上標的は航空機に搭載し、海上に投下して使用する非回収型の標的です。1982年に新型水上標的として、国内で独自に開発されました。

航空機から海上に投下、着水後はガス圧によって自動的に展張する仕組みになっていて、視認性が高い黄色のテント状の標的が完成した後に射爆撃訓練を実施します。

訓練終了後は標的を支えていた支柱が自動的に倒れて、標的は完全に水没します。

JAQ-1はF-1が退役した現在では、F-4EJ改のみが運用しています。

※ AGTS：Aerial Gunnery Target System

Chapter 4 航空機に搭載する装備

F-15Jに搭載されたA/A37U-36曳航標的装置。オレンジ色のTDK-39曳航標的の後方にある青いカバーの中に、吹き流し状のビジュアル・オグメンターが収納されている

JAQ-1水上標的。先端には飛行時の空気抵抗を減少させるため、尖った形状のフェアリングが装着されている。F-4EJ改には爆弾用の取り付けラックを介して搭載される

主要諸元：AGTS-36
装置重量：約220kg　標的重量：約70kg　曳航索長：約790m　運用範囲：0～40,000フィート、マッハ0.9以下、6Gまでの機動　搭載機種：F-15J、F-4EJ改

主要諸元：JAQ-1
全長：2.92m　直径：0.368m　重量：180kg　搭載機種：F-4EJ改

4-11 J/AQM-1、2 空対空標的
自律して飛行する小型標的機

J/AQM-1航空機模擬標的は、1980年代後半に国内で開発されたターゲット・ドローン（無人標的機）です。

従来装備していた曳航型の標的では、対進状態でのミサイル発射が難しいほか、旋回する機動目標を模擬できないことから、実際の環境に合わせた射撃訓練の実施や新型の空対空ミサイルの開発にとって、自律飛行する小型無人標的機は不可欠でした。

J/AQM-1は中央に主翼を持ち、後部に4枚の操舵翼が配置されています。後部の下方にはTJM3ターボジェット・エンジンが装備されているほか、機首と尾部にはレーダーの反射面積を増大させて実機を模擬するリフレクターが内蔵されています。また翼端には赤外線を放出するフレアを搭載できるほか、チャフ搭載型やレーダー反射面積低減型など様々なバリエーションがあります。

F-15DJやF-4EJ改などの搭載母機から空中発進した後は、基本的に事前にプログラムした通りに飛行しますが、搭載母機からの指令で360度の旋回やフレアの点火などが可能です。また安全確保のため、緊急指令による廃棄機能も有しています。

J/AQM-2空対空用小型標的は、J/AQM-1で実施している訓練の一部を、より小型軽量で安価な標的機に代替するために開発された無人標的機で、2014年から導入が開始されました。

最大速度をJ/AQM-1のマッハ0.9からマッハ0.7以上へ、また制限荷重を3Gから1.5Gに引き下げることなどで構造の簡素化を図り、導入コストを4分の1までに抑えることができました。J/AQM-2も前後にレーダー・リフレクターを内蔵しているほか、翼端には実機を模擬するためのフレアの搭載が可能です。

Chapter 4　航空機に搭載する装備

J/AQM-1航空機模擬標的。視認性を高めるため蛍光オレンジに塗られている。右下に写っているのは、従来から使用されている曳航型のTDU-37/Bレーダーミサイル用標的

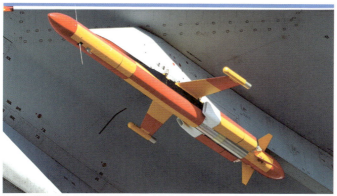

F-15Jに搭載されたJ/AQM-2の試作機。小型化が図られたKJ14ターボジェット・エンジンは胴体内に収められており、その両脇にエア・インテークと排気口が配置されている。基本的に事前に設定されたプログラムに従い飛行し、標的の近傍をミサイルが通過した時の射撃情報を標的母機に転送する機能を有している

主要諸元：J/AQM-1

全長：3.64m　全幅：約2.1m　直径：0.35m　重量：235kg　エンジン：TJM3　推力：約200kg　最大速度：マッハ0.9　搭載機種：F-15DJ、F-4EJ改

主要諸元：J/AQM-2

全長：3.56m　全幅：約1.2m　直径：0.2m　重量：106kg　エンジン：KJ14　推力：70kgf　最大速度：マッハ0.7以上　搭載機種：F-15J/DJ

Column 4 — パイロットの個人装備
極限状況を様々な装備で支える

　航空自衛隊のパイロットの中でも、とりわけ戦闘機に搭乗するパイロットは様々な装備を着用して飛行しています。

　難燃性の素材からつくられた**フライトスーツ(飛行服)**の上には、緊急時にロケットモーターで機外に脱出が可能なイジェクション・シート(射出座席)に内蔵された落下傘や救命浮舟(ボート)を接続するための**トルソーハーネス**や、救命胴衣に発煙筒や信号弾、医薬品などを内蔵した**サバイバル・ジャケット**を着用します。

　下半身には、旋回などの機動時に発生する高い「G」(加速度)に耐えるために**耐G服**を着用して、血液が下半身に偏ってしまう現象を防止します。そして頭部には、通信に必要なヘッドセットや酸素マスク、緊急脱出時の大きな風圧などから顔面を保護するバイザーなどが内蔵された**航空用ヘルメット**を着用します。F-15Jの近代化改修機やF-35Aなどの新しい機体では、バイザーの正面に飛行諸元(データ)や機体の姿勢、そしてミサイルの照準などに必要な情報が投影される**ヘルメット搭載型ディスプレイ**を装備したタイプが採用されています。

F-15Jのパイロット。上半身にはサバイバル・ジャケット付きのトルソーハーネス、そして下半身には耐G服を着用している。左手に持っているヘルメットは、ヘルメット搭載型の目標指定システム(JHMCS)を装備した最新バージョン

サバイバル・ジャケットに収納されている救命用具の一部。発煙筒やストロボ・ライト、懐中電灯、医薬品、包帯、フカ避けなど。また救難浮舟には非常用の食料や救難用の無線機なども内蔵されている

Chapter
5

将来の装備

航空自衛隊では、日々変化する安全保障環境に対応するため、新しい装備の導入を計画しています。ここでは今後導入が予定されている装備について解説します。

写真(下):ノースロップ・グラマン

5-1 E-2D早期警戒機（ノースロップ・グラマン）
さらに能力が向上した航空自衛隊の新しい眼

　航空自衛隊では、緊張の度合いが高まってきている尖閣諸島周辺の情勢に対応するため、警戒航空隊の隷下でE-2Cを運用する三沢基地の第601飛行隊を2つに分ける形で、2014年4月に那覇基地に第603飛行隊を新設しました。しかし、現有の保有機数では十分な警戒監視活動の実施が困難なため、同年11月に新しい早期警戒機として、ノースロップ・グラマン社の**E-2Dアドバンスド・ホークアイ**を選定しました。

　同機は捜索レーダーをAESA[※1]と呼ばれるアクティブ・フェイズド・アレイ方式と、従来のロートドームによる機械式走査を組み合わせたAN/APY-9に更新したほか、ミッション・コンピューターの換装や新型IFF装置の採用、電子支援対策（ESM）や通信、戦術データリンクなどの能力向上が図られています。

　AN/APY-9はほかの捜索レーダーとは異なり、UHF帯（300MHz～3GHz）の低い周波数を使用するため、**ステルス機の探知にも有効**だと言われています。先進早期警戒監視（AAS[※2]）と呼ばれる360度全周を10～12秒間で監視するモードをはじめ、拡張セクタースキャン（ESS[※3]）と呼ばれる、ロートドームの回転による全周の監視と同時に、特定のセクターに対して電子的にビームを指向して詳細な探知と追尾を行うモード、そして拡張追尾セクター（ETS[※4]）と呼ばれる、ロートドームの回転を止めて特定の方向にビームを指向して追尾を強化する3つのモードがあります。

　探知範囲は従来のAN/APS-145よりも拡大されて、大型の戦闘機なら約550km、爆撃機クラスの機体なら最大で約740km先から探知できる能力があるほか、無人機や巡航ミサイルなど小型の

[※1] AESA：Active Electronically Scanned Array
[※2] AAS：Advanced Airborne early warning Surveillance

Chapter 5 将来の装備

目標の探知能力も向上しています。

　現在の2018年度までの中期防衛力整備計画では4機の導入が計画されており、2018年から納入が開始される予定です。

E-2Dのプロトタイプ機。航空自衛隊が運用しているE-2Cとの外観上でもっとも大きな違いは、4枚から8枚ブレードになったNP-2000プロペラ　　　　　　写真：ノースロップ・グラマン

E-2Dの機内。取得した膨大な情報は最適な形に集約されて20インチの大型カラー液晶ディスプレイに表示される。操縦席も17インチのディスプレイを3基配置するグラス・コクピット化が図られている　　写真：ノースロップ・グラマン

主要諸元

全幅：24.56m　全長：17.60m　全高：5.58m　乗員：5名　エンジン：T56-A-427A（2基）　出力：5,100shp/1基　最大離陸重量：約26.1t　最大速度：648km/h（350kt）　実用上昇限度：10,576m　最大航続距離：約1,462nm（2,708km）　導入機数：4機（予定）

※3　ESS：Enhanced Sector Scan
※4　ETS：Enhanced Tracking Sector

5-2 KC-46A空中給油・輸送機(ボーイング)
米空軍も導入予定の最新の空飛ぶタンカー

航空自衛隊では、現在小牧基地に所在する第404飛行隊において4機のKC-767空中給油・輸送機を運用していますが、我が国の周辺空域の広さや保有している作戦機の機数からすれば、**4機では明らかに不足**しています。また南西地域の防衛体制の強化や、各種事態が生起した場合の実効的な対処を行うために、2013年12月に閣議決定された防衛計画の大綱において、新たに空中給油・輸送部隊の1個飛行隊の増強が決定されました。

それを受けて2015年10月に新空中給油・輸送機として選定されたのが、**ボーイングKC-46Aペガサス**です。2018年度までの中期防衛力整備計画では3機の導入が計画されており、2020年度から納入が開始される予定です。

KC-46Aはアメリカ空軍の次期空中給油機として選定された機体で、航空自衛隊が装備するKC-767と同じボーイング767-200LRの最新型をベースとしています。KC-46Aではこれに長胴型の300ERの主翼や降着装置、貨物ドア、そしてキャビンの床は300F(貨物型)、コクピットはボーイング787のグラス・コクピットを組み合わせています。

給油方式はアメリカ空軍の標準スタイルである**フライング・ブーム方式**のほか、主翼下の給油ポッドと胴体後方には、**プローブ&ドローグ方式**の給油システムが装備されています。さらに機首の上部には、自機が空中給油を受けるための受油口も備えています。

2016年8月には、鳥取県に所在する美保基地に新たな空中給油・輸送部隊を発足させる計画が発表されました。

Chapter 5 将来の装備

アメリカ空軍のC-17輸送機に空中給油を実施するKC-46A。指向性赤外線妨害装置（DIRCM※）やレーダー警戒受信機（RWR）、コクピット防弾板などの自己防御システムも装備している
写真：アメリカ空軍

KC-46Aの空中給油操作ステーション。受油機は高精細な立体映像で映し出され、オペレーターが給油ブームを操作して相手の受油口に結合させる
写真：ボーイング

主要諸元

全幅：47.57m　全長：50.44m　全高：16.10m　乗員：2〜15名　エンジン：PW4062（2基）　推力：28.1t/1基　最大離陸重量：約188.2t　最大速度：マッハ0.86（約930km/h）　実用上昇限度：12,200m　最大航続距離：約6,385nm（12,200km）　ペイロード：29.5tまたは人員114人　導入機数：3機（予定）

※　DIRCM：Directional Infra-Red Counter Measures

5-3 B777政府専用機(ボーイング)、サイテーション680A(テキストロン)
2代目エアフォース・ワンと新しい飛行点検機

　日本政府は、日本航空に委託しているB-747政府専用機の整備が2018年度末で受けられなくなることから、2014年8月に**ボーイング777-300ER**を後継機として選定しました。

　ほかにもボーイング787やエアバスA350XWBなどが候補に挙げられましたが、機内のサイズや導入後の整備体制などの面からB777-300ERが選ばれました。同機はB777の長胴型である-300の航続性能を向上させた長距離(ER※)タイプで、最大航続距離はB747-400を凌ぐ約14,700kmを誇っています。

　B-747と同様に2機の導入が予定されていますが、その初号機は2016年8月にボーイング社において初飛行しています。その後は搭載機器や内装などの仕上げや各種の試験が行われ、2018年度末までには納入される見込みです。導入後の要員の教育や機体の重整備作業に関しては、全日本空輸に委託されます。

　また、航空自衛隊ではYS-11FC飛行点検機の老朽化に伴い、2016年12月にテキストロン・アビエーション社の**サイテーション680A**を後継機として選定しました。

　同機は双発ビジネスジェット機のサイテーション680A(ラティチュード)に、飛行点検に必要な機材を搭載したもので、候補に挙がったボンバルディア・チャレンジャー650やダッソー・アビエーション・ファルコン2000Sよりも機能や機体の性能が優れているほか、機体や周辺機材、そして20年間の維持・運用にかかるライフサイクル・コストが安価だったのが選定の決め手となりました。2017年度の予算ではまず2機が計上されましたが、2020年度までに合計で3機を導入する予定です。

※ ER：Extended Range

Chapter 5　将来の装備

ボーイング777-300ER政府専用機のイメージCG。胴体の赤いラインは緩やかなアーチを描いている
写真：内閣官房

新たな飛行点検機に選定されたサイテーション680A。キャビン内に飛行点検用の機材が搭載される
写真：テキストロン・アビエーション

主要諸元：B777-300ER

全幅：64.80m　全長：73.86m　全高：18.5m　乗員：20〜25名　エンジン：GE90-115B（2基）　推力：52.2t/1基　最大離陸重量：約351.5t　巡航速度：マッハ0.84（892km/h）　実用上昇限度：13,100m　最大航続距離：7,930nm（14,690km）　導入予定機数：2機

主要諸元：サイテーション680A

全幅：22.05m　全長：18.97m　全高：6.38m　乗員：10名　エンジン：PW306D1（2基）　推力：2.68t/1基　最大離陸重量：約13.97t　最大速度：マッハ0.8　実用上昇限度：13,716m　最大航続距離：約2,700nm（5,000km）　導入予定機数：3機

5-4 RQ-4B滞空型無人機、XASM-3対艦誘導弾
空自初の実用無人機と新型の高性能ASM

　防衛省では日本周辺の警戒監視態勢を強化するため、2014年11月にノースロップ・グラマン社の**RQ-4Bグローバルホーク**の導入を決定しました。同機は40m近くのスパン（翼幅）を持つ大型の高々度滞空型無人機で、18,000mという高い高度から32時間以上にわたって警戒監視活動を行うことが可能です。

　機内には合成開口レーダー（SAR[※1]）や電子光学・赤外線（EO[※2]/IR）センサーが搭載されており、広域にわたって画像による監視活動が実施できるほか、ASIP[※3]と呼ばれる信号情報収集機材により、通信情報や電子情報の収集も可能になっています。

　RQ-4Bは航空自衛隊の予算で購入されますが、新たに編成される陸・海・空3自衛隊共同の部隊が運用にあたります。導入される3機は、2019年度以降に青森県の三沢基地に配備される予定です。

　XASM-3は、防衛装備庁が2010年から開発を進めている新型の空対艦誘導弾です。従来のASM-1やASM-2などの対艦ミサイルに比べて大幅に性能を向上させることで、防空能力が向上している最新の艦艇にも確実に対処することを目的としています。

　XASM-3で最大の特徴は、推進方式に固体燃料ロケット・ブースターとラムジェット・エンジンを組み合わせたインテグラル・ロケット・ラムジェット（IRR[※4]）を採用していることで、マッハ3以上の飛翔速度と長い射程を実現しています。誘導方式は飛翔の初期・中期段階が慣性航法＋GPSで、終末にはアクティブ・レーダー誘導とパッシブ・レーダー誘導の複合シーカーを採用し、目標選択能力とECCM能力を向上させています。

※1　SAR：Synthetic Aperture Radar　※3　ASIP：Airborne Signals Intelligence Payload
※2　EO：Electro-Optical　※4　IRR：Integral Rocket Ramjet

従来の対艦ミサイルに比べてひと回り以上大型化されているため、F-2には最大で2発の搭載が限界だと思われます。

アメリカ空軍のRQ-4グローバルホーク。グライダーのような細長い高アスペクト比の主翼が、同機に優れた航続性能を与えている。2名のパイロットと1名のセンサー操作員の遠隔操作によって運用される
写真：ノースロップ・グラマン

XASM-3の試験用ダミー弾を搭載した飛行開発実験団のF-2試作1号機。内側に搭載されたAAM-4空対空ミサイルと比べてもその大きさがわかる。全長は内舷に搭載されている600ガロン増槽に匹敵する。独特な市松模様の塗装は、投下試験時の視認性を高めるために施されている

主要諸元：RQ-4B

全幅：39.9m　全長：14.5m　全高：4.7m　エンジン：AE3007H（1基）　推力：3.86t
最大重量：14.6t　最大速度：340kt（629km/h）　実用上昇限度：18,300m　最大航続距離：12,300nm（22,780km）　最大滞空時間：32時間以上　導入予定機数：3機

主要諸元：XASM-3

サイズ：不明　誘導方式：慣性航法/GPS＋アクティブ・レーダー/パッシブ・レーダー誘導　飛翔速度：マッハ3以上　搭載予定機種：F-2A/B

5-5 X-2先進技術実証機(三菱)
ステルス性と高運動性を両立した技術実証機

　X-2はステルス性と高運動性を兼ね備える戦闘機の技術の確認と、その運用の検証を行うためのテクノロジー・デモンストレーターとして、防衛装備庁において2009年度から試作が進められている**先進技術実証機**です。同機はまさにその名称の通り、将来の戦闘機の開発に必要な各種の要素技術をはじめ、システム・インテグレーション(統合)技術などを、実機の製作・飛行試験により実証するための機体です。

　三菱重工業で1機のみが製作され、2016年4月22日に初飛行に成功しています。その後は岐阜基地において2017年度末の終了を目処に飛行試験が行われています。

　X-2はステルス性を実現するために、主翼や各翼の後退角などを特定の角度に揃えることでRCSが大きくなる方向をごく一部のみに限定するエッジ・マネージメントのほか、コクピット部分の電波の反射を抑制するためのキャノピー・コーティング、エア・インテークやダクトの内部、また翼の前縁などの電波の反射を低減させたい箇所への電波吸収材の適用、インテークの正面からエンジンのファンブレードが見通せないように内部で湾曲したスネークダクトなどの技術を採用しています。

　また高運動性を実現するために、通常の舵面だけでなく、尾部に装備されたパドルによって推力方向を3次元に偏向させることにより機体を制御・機動させる、推力偏向パドルを採用しています。パドルの作動は飛行制御システムに統合されており、失速以下の速度領域でも機体を大きくかつ素早く機動させる、ポストストール・マニューバーを可能にしています。

Chapter 5 将来の装備

　X-2は計画のコスト削減や信頼性の確保のため、一部に既存機のシステムを流用しています。キャノピーと射出座席はT-4練習機、そして降着装置(脚とアレスティング・フック)は2006年に退役したT-2練習機の部品を使用しています。

X-2はRCSを低減させるため機体が平滑に仕上げられているほか、外板パネルやアクセスドアなどの接合面を直線ではなく、ノコギリの刃のようなギザギザの形状にする「セレーション」と呼ばれる技術も適用されている。なおX-2はあくまでも技術実証機であり、火器管制レーダーや武装を内装するウエポンベイ(兵器倉)などの搭載スペースは設けられていないため、そのまま戦闘機として実用化することはできない

尾部に装備された推力偏向パドルは、それぞれのエンジンの排気ノズルの後方に120度の間隔で3枚ずつ配置される。エンジンも国内で開発されたアフターバーナー付きターボファンのXF5-1を採用している

主要諸元

全幅：9.1m　全長：14.2m　全高：4.5m　乗員：1名　エンジン：XF5-1（2基）　推力：5.0t/1基　空虚重量：約9.7t　最大速度：マッハ1以上　製作機数：1機

Column 5 将来戦闘機の研究開発
遠い未来までを見据えて計画される

　航空自衛隊では、本格的なステルス性を持った第5世代の戦闘機であるF-35Aの導入を開始しましたが、我が国の今後の防衛を考えた場合、20年以上先を見据えた次世代の戦闘機の研究開発も並行して進める必要があります。

　防衛省が2010年8月に発表した「将来の戦闘機に関する研究開発ビジョン」では、次世代の戦闘機の研究開発に関する中長期的な計画が示されました。ここで提示された将来戦闘機のコンセプトは、高度に情報化（Informed）・知性化（Intelligent）され、瞬時（Instantaneous）に敵を撃破できる能力を有する機体で、その頭文字をとってi^3ファイターと名付けられています。

　次世代の戦闘機は、現用のF-2戦闘機の後継機が必要とされる2030年ごろの実用化が望まれますが、「敵を凌駕するステルス性」をはじめ「次世代ハイパワー・レーダー」「クラウド・シューティング」「次世代ハイパワー・スリム・エンジン」「電子戦に強いフライ・バイ・ライト」といった5つのキーテクノロジーの実現に加えて、さらに高度な「将来アセットとのクラウド」や「ライト・スピード・ウエポン」などの技術課題についても、2040〜2050年ごろの実現を目指して研究が進められています。

　機体の設計に関しては、すでに具体的なシミュレーションの段階に入っているほか、それぞれの要素技術の研究や試験も着実に進められています。また、現在試験が行われているX-2技術実証機により得られた貴重なデータや知見は、この将来戦闘機の開発に活かされることになります。

Chapter 6

さまざまな飛行部隊

航空自衛隊では、与えられた任務に応じて様々な部隊が編成されています。ここでは各部隊の概要やその歴史などについて解説します。

6-1 航空総隊(横田)

航空自衛隊の主任務を担当する最前線の組織

航空総隊は、航空自衛隊が実施する防空任務や航空作戦などを担当する第一線の組織です。横田基地(東京都)に所在する航空総隊司令部の隷下には、各基地で戦闘機を運用する**戦闘航空団**をはじめ、警戒管制レーダーを運用する**航空警戒管制団**、早期警戒管制機を運用する**警戒航空隊**、地対空誘導弾を運用する**高射群**、捜索救難機を運用する**航空救難団**などの部隊が編成されています。

防衛を担当する区域は、北から順に北部航空方面隊、中部航空方面隊、西部航空方面隊、南西航空混成団の4つのセクターに分けられています。各方面隊には、2個の戦闘航空団(南西航空混成団は1個)と航空警戒管制団、1個から2個の高射群、航空施設隊のほか、その他の直轄部隊が編成されています。

各航空方面隊以外にも、司令部の直轄部隊として航空総隊が行う訓練や演習の支援を担当する**航空戦術教導団**や、自衛隊の航空機に事故が発生した場合の捜索救助などを担当する航空救難団、航空機による偵察任務を担当する**偵察航空隊**、上空からレーダーによる警戒監視を担当する警戒航空隊、航空総隊の任務に必要な航空作戦情報の収集・処理などを担当する**作戦情報隊**、航空情報を収集して関係部隊に対して情報を提供する**作戦システム運用隊**などが編成されています。

航空総隊の歴史は、1956年8月1日に入間川(埼玉県)に編成された臨時航空訓練部にまで遡ることができます。1957年8月1日に同訓練部は解散、新たに府中基地(東京都)に航空集団が新編されました。そして同団は1958年8月1日に航空総隊へ改編され、約半世紀を経た2012年3月21日に横田基地へ移転、現在に至っています。

Chapter 6 さまざまな飛行部隊

航空総隊の部隊編成(2016年度末)

- 航空総隊(司令部:横田)
  - 北部航空方面隊(三沢)
    - 第2航空団(千歳)
      - 第201飛行隊[F-15J、F-15DJ、T-4]
      - 第203飛行隊[F-15J、F-15DJ、T-4]
      - その他の部隊
    - 第3航空団(三沢)
      - 第3飛行隊[F-2A、F-2B、T-4]
      - 北部支援飛行班[T-4]
      - その他の部隊
    - 北部航空警戒管制団(三沢)
    - 第3高射群(千歳)
    - 第6高射群(三沢)
    - 北部航空施設隊(三沢)
    - 北部航空音楽隊(三沢)
    - その他の直轄部隊
  - 中部航空方面隊(入間)
    - 第6航空団(小松)
      - 第303飛行隊[F-15J、F-15DJ、T-4]
      - 第306飛行隊[F-15J、F-15DJ、T-4]
      - その他の部隊
    - 第7航空団(百里)
      - 第301飛行隊[F-4EJ改、T-4]
      - 第302飛行隊[F-4EJ改、T-4]
      - その他の部隊
    - 中部航空方面隊司令部
    - 支援飛行隊(入間)[T-4、U-4]
    - 中部航空警戒管制団(入間)
    - 第1高射群(入間)
    - 第4高射群(岐阜)
    - 中部航空施設隊(入間)
    - 中部航空音楽隊(浜松)
    - 硫黄島基地隊(硫黄島)
    - その他の直轄部隊
  - 西部航空方面隊(春日)
    - 第5航空団(新田原)
      - 第305飛行隊[F-15J、F-15DJ、T-4]
      - その他の部隊
    - 第8航空団(築城)
      - 第6飛行隊[F-2A、F-2B、T-4]
      - 第8飛行隊[F-2A、F-2B、T-4]
      - その他の部隊
    - 西部航空方面隊司令部
    - 支援飛行隊(春日)[T-4]
    - 西部航空警戒管制団(春日)
    - 第2高射群(春日)
    - 西部航空施設隊(芦屋)
    - 西部航空音楽隊(春日)
    - その他の直結部隊
  - 南西航空混成団(那覇)
    - 第9航空団(那覇)
      - 第204飛行隊[F-15J、F-15DJ、T-4]
      - 第304飛行隊[F-15J、F-15DJ、T-4]
      - 南西支援飛行班[T-4]
      - その他の部隊
    - 南西航空警戒管制隊(那覇)
    - 第5高射群(那覇)
    - 南西航空施設隊(那覇)
    - 南西航空音楽隊(那覇)
    - その他の直轄部隊
  - 航空戦術教導団(横田)
    - 飛行教導群(小松)[F-15J、F-15DJ、T-4]
    - 高射教導群(浜松)
    - 電子作戦群(入間)[YS-11EA、YS-11EB、EC-1]
    - 基地警備教導隊(百里)
    - 航空支援隊(三沢)
  - 航空救難団(入間)
    - 千歳救難隊[UH-60J、U-125A]
    - 秋田救難隊[UH-60J、U-125A]
    - 新潟救難隊[UH-60J、U-125A]
    - 松島救難隊[UH-60J、U-125A]
    - 百里救難隊[UH-60J、U-125A]
    - 浜松救難隊[UH-60J、U-125A]
    - 小松救難隊[UH-60J、U-125A]
    - 芦屋救難隊[UH-60J、U-125A]
    - 新田原救難隊[UH-60J、U-125A]
    - 那覇救難隊[UH-60J、U-125A]
    - 三沢ヘリコプター空輸隊[CH-47J]
    - 入間ヘリコプター空輸隊[CH-47J]
    - 春日ヘリコプター空輸隊[CH-47J]
    - 那覇ヘリコプター空輸隊[CH-47J]
    - 救難教育隊(小牧)[UH-60J、U-125A]
  - 偵察航空隊(百里)
    - 第501飛行隊(百里)[RF-4E、RF-4EJ、T-4]
  - 警戒航空隊(浜松)
    - 飛行警戒監視群(三沢)
      - 第601飛行隊(三沢)[E-2C]
      - 第603飛行隊(那覇)[E-2C]
    - 第602飛行隊(浜松)[E-767]
  - 作戦情報隊(横田)
  - 作戦システム運用隊(横田)
  - その他の部隊

6-2 第2航空団（千歳）

北の最前線に置かれた空自初の戦闘航空団

第2航空団は、1956年10月1日に浜松基地（静岡県）において航空自衛隊初の戦闘航空団として発足、1957年9月2日に千歳基地（北海道）の開設に合わせて移動を完了して、現在に至っています。

戦後の米ソの緊張が高まるなか、同団は当初F-86Fを装備する第3飛行隊と第4飛行隊を隷下に収めており、1958年4月28日に航空自衛隊で初めて24時間体制の警戒待機（アラート）任務を開始しました。

1961年6月10日には火器管制レーダー搭載型のF-86Dを装備する第103飛行隊が小牧から移動して、全天候の要撃能力を獲得しています。

そして1963年3月5日には、F-104Jを装備する初の飛行隊となる第201飛行隊が新編され、続く1964年6月25日には第203飛行隊が新編されるなど、第2航空団には常に最新の機体が優先的に配備されていますが、これは同団が航空自衛隊の防衛戦略の中でいかに重要な役割を担っていたかを示しています。

さらに1974年10月1日にはF-4EJを装備する第302飛行隊が新編されたほか、1984年3月24日に第203飛行隊がF-104JからF-15J/DJへ機種を更新する形で改編されています。後の1986年3月19日には、第302飛行隊の発足時に解散された第201飛行隊がF-15J/DJを装備する飛行隊として復活しています（第302飛行隊は1985年11月26日に沖縄県那覇基地の第83航空隊へ移動）。これにより第2航空団は、航空自衛隊として初めて2個のF-15飛行隊を擁する**イーグル・ウイング（航空団）**となり、現在も北の空の守りに就いています。

Chapter 6　さまざまな飛行部隊

編隊飛行する第201飛行隊と第203飛行隊のF-15J。北方重視の方針に基づき、機体を格納する強固な掩体（シェルター）による運用や日米合同演習への参加など、航空自衛隊にとって新たな試みは常に第2航空団から行われてきた

第201飛行隊の部隊マーク。北海道に所在する飛行隊らしく、ヒグマの横顔がリアルなタッチで描かれている

第203飛行隊の部隊マーク。「203」の文字とヒグマをアレンジしたもの。胴体の2つの赤い星は第2航空団を表している

6-3 第3航空団 (三沢)

支援戦闘を主任務としてきた戦闘航空団

第3航空団は、1957年12月1日に松島基地(宮城県)において新編されました。後の1959年5月12日には小牧基地(愛知県)へ移動し、隷下に新編された第101飛行隊と第102飛行隊がF-86Dを集中的に装備する戦闘航空団として、航空自衛隊における全天候型戦闘機の運用の基礎を築き上げました。

短期間の運用に終わったF-86Dの退役を受けて、1967年12月1日にF-86Fを装備する第8飛行隊を第82航空隊(岩国)から編入し、1978年3月31日に現在の三沢基地(青森県)へ移動しています。同日にF-1支援戦闘機へ機種更新を終えた第3飛行隊を編入して、第3航空団はF-1を配備する初の戦闘航空団になりました。

後の1980年2月29日には第8飛行隊もF-1に機種更新を終え、同団は航空自衛隊で本格的な支援戦闘任務を担当する唯一の戦闘航空団になりました。

1990年代の半ばには次期支援戦闘機としてXF-2の開発が進められましたが、開発に遅れが出たことによりF-1の退役時期までに全機F-2へ機種更新することが困難になったため、その対策として第8飛行隊が1997年3月31日にF-1からF-4EJ改へ機種更新を行いました。そして2001年3月27日に第3飛行隊がF-1からF-2A/Bへの機種更新を完了、第8飛行隊も2009年3月26日にF-2A/Bへの機種更新を終了しました。

なお、F-15J/DJを装備する築城基地(福岡県)の第304飛行隊の那覇基地(沖縄県)への移動に伴い、第8飛行隊が2016年7月29日に築城基地へ移動を完了し、第8航空団に編入されています。そのため、現在の第3航空団の編成は第3飛行隊の1個のみとな

っていますが、2017年度内にはF-35Aを装備する臨時飛行隊が発足する予定です。

第3飛行隊のF-2A。手前の機体には部隊創設60周年を記念した特別な塗装が施されている。同隊は現存する航空自衛隊の戦闘飛行隊のなかでもっとも歴史のある部隊であり、F-1の時もそうであったように、最初にF-2へ機種改編されたマザー・スコードロン（飛行隊）として、運用の研究や戦技課程の教育などを担当している

第3飛行隊の部隊マーク。兜武者の横顔をデザインしたもので、F-1時代から受け継がれている。F-2への機種更新の際に低視認化を図るために色調がブルーのモノトーンに変更されたが、同隊のT-4には当時のカラーのまま描かれている

6-4 第5航空団（新田原）
西部航空方面隊で唯一F-15を装備

第5航空団は、1959年12月1日に松島基地において新編されました。その後、1961年7月15日に現在の新田原基地（宮崎県）に移動し、隷下に第6飛行隊と第7飛行隊2個のF-86F飛行隊を擁する西部航空方面隊初の戦闘航空団となりました（後に第7飛行隊に代わる第10飛行隊が発足）。

後の1964年3月31日には、F-104Jを装備する第202飛行隊が新編されたほか、同年12月1日には第204飛行隊も新編され、第2、第7航空団と共にF-104Jを集中配備する戦闘航空団となりました。なお、第204飛行隊はF-104Jパイロットの機種転換教育を担当する**マザー・スコードロン**としての役割を担いました。

第202飛行隊は、1983年12月21日に初のF-15飛行隊として機種改編されたほか、第204飛行隊も1985年3月2日にF-15J/DJへの機種更新を契機に、百里基地（茨城県）の第7航空団へ配置換えされています。同時に第7航空団隷下でF-4EJを装備する第301飛行隊が入れ替わる形で新田原基地へ移動してきました。これにより第5航空団は、F-15J/DJとF-4EJの機種転換教育を担当する第202飛行隊と第301飛行隊の両隊を隷下に収めることになりました。

1995年に定められた防衛計画の大綱では、1個の要撃飛行隊の削減とT-2高等練習機の減勢に伴う教育体系の見直しが決定されました。そこで白羽の矢が立てられたのが、F-15J/DJの機種転換教育と要撃飛行隊の任務を兼任していた第202飛行隊で、同隊を整理して航空教育集団隷下で戦技教育を専門に行う部隊として、新たに飛行教育航空隊が2000年10月6日に新田原基地に発足しました。そのため同団は、第301飛行隊の1個飛行隊のみという

特殊な編成の航空団になりました。第301飛行隊は2016年10月末に、F-15J/DJを装備する第305飛行隊と入れ替わる形で第7航空団へ里帰りすることになり、現在同団は第305飛行隊の1個飛行隊のみの編成となっています。

第305飛行隊のF-15J。F-4EJを装備する5番目の飛行隊として新編された同隊は、F-15では7番目となる飛行隊として生まれ変わった。現在では西部航空方面隊で唯一のF-15飛行隊として日夜任務にあたっている

第305飛行隊の部隊マーク。日の丸のなかに茨城県の県木である梅の花弁をデザインしたもので、F-4EJ時代から受け継がれている。2016年8月に新田原基地へ移動した後も、そのまま使用されている

6-5 第6航空団(小松)

日本海側に配置された唯一の戦闘航空団

第6航空団は、1961年7月15日に小松基地(石川県)において新編されました。その前身となる臨時小松派遣隊時代の1961年5月1日には、F-86Fを装備する第8飛行隊が松島基地から小松基地に移動したほか、同17日には第4飛行隊が千歳基地からの移動を完了しています。

F-86Fを装備する戦闘航空団として発足した第6航空団は、1965年3月31日にF-104Jを装備する第205飛行隊が新編されたほか、1976年10月26日にはF-4EJを装備する第303飛行隊が新編されています。

1981年6月30日にはF-4EJを装備する最後の6番目となる第306飛行隊が新編されて、同団は第7航空団と共に、隷下に2個のF-4EJ飛行隊を擁する**ファントム・ウイング**となりました。なお、同日付で第205飛行隊は解散されています。

F-15J/DJによりF-104Jを運用する200番台の4個飛行隊の機種改編が終了した後に、F-4EJを装備する300番台の4個飛行隊についてもF-15Jに機種更新する方針が決定されました。その最初の飛行隊として第303飛行隊が指定され、1987年12月1日に機種改編を終えたほか、第306飛行隊も1997年3月18日に機種改編を終えました。これにより第6航空団は第2、第7航空団と並んで、隷下に2個のF-15飛行隊を擁するイーグル・ウイングに生まれ変わり、現在に至っています。

小松基地は冬季に降雪や発雷など北陸地方特有の厳しい環境に晒されますが、第6航空団は日本海側に唯一配置された戦闘航空団として、日本海の空の守りに就いています。

Chapter 6　さまざまな飛行部隊

第303飛行隊と第306飛行隊のF-15Jによる編隊飛行。第306飛行隊は近代化改修を施したF-15J/DJを最初に配備した飛行隊であり、ファイター・ウエポン・コースと呼ばれる戦技課程も開講されている

第303飛行隊の部隊マーク。第6航空団を表す数字の「6」を象ったグレーの丸の中に、部隊のワッペンに由来する翼を持った龍を描いたもの。F-15J/DJ改編後もF-4EJ時代のものが受け継がれたが、第306飛行隊のF-15J/DJへの改編を機にデザインがリニューアルされた

第306飛行隊の部隊マーク。数字の「6」を象った黒い丸の中に石川県の県鳥である狗鷲(イヌワシ)の横顔を黄色で描いたもの。その眼は前身の第205飛行隊の部隊マークを受け継いでいる。F-4EJ時代のマークが踏襲されたが、輪郭が通常の円から「6」の形状に変更された

141

6-6 第7航空団(百里)

首都圏防空の重責を担う戦闘航空団

　第7航空団は、1961年7月15日に松島基地において新編されました。隷下にF-86Fを装備する第9飛行隊を第4航空団(松島)から編入し、翌1962年5月15日に入間基地(埼玉県)へ移動して首都圏防空の任に就きました。

　当時、発足準備が進められていた百里基地では、1965年12月20日の第206飛行隊に続き、1966年3月31日に第207飛行隊が新編されましたが、第7航空団は1967年7月28日に司令部を入間から百里基地へ移動して、隷下に2個のF-104J飛行隊を擁する戦闘航空団に生まれ変わりました。当時最新鋭のF-104Jを集中配備する戦闘航空団は、同団のほかは千歳基地の第2航空団だけで、いかに第7航空団が重要視されていたのかがわかります。事実、後の1973年10月16日には、最初のF-4EJ飛行隊となる第301飛行隊が、同団の隷下に発足しています。

　なお、第301飛行隊の前身である臨時F-4EJ飛行隊が1972年8月1日に発足したことを受けて、第207飛行隊は同年の11月10日に那覇基地の臨時第83航空隊へ配置換えされています。

　1978年12月1日には第206飛行隊が解散、F-4EJを装備する第305飛行隊が新編されました。これにより第7航空団は2個のF-4EJを擁する初のファントム・ウイングになりました。

　1985年3月2日に、第301飛行隊はF-15J/DJへ機種更新した新田原基地の第204飛行隊と入れ替わる形で配置換えが行われ、第305飛行隊も1993年8月2日にF-15J/DJへ機種更新を終えると、第7航空団は今度はイーグル・ウイングに生まれ変わることになりました。

Chapter 6　さまざまな飛行部隊

　2000年代に入ると、F-4EJの老朽化や南西方面の情勢などに対応するため、第204飛行隊は2009年1月19日に第83航空隊の第302飛行隊との配置替えのため那覇基地へ移動したほか、第305飛行隊も2016年8月31日に新田原基地へ移動し、代わりに第301飛行隊が同年の10月31日に再び第7航空団に編入されました。これにより同団は再びF-4EJを集中配備することになりました。

第7航空団が所在する百里基地の所属機による編隊飛行。百里救難隊のU-125Aを先頭に、左翼側に第301飛行隊のF-4EJ改とT-4、そして右翼側に第302飛行隊のF-4EJ改と、第501飛行隊のRF-4Eが並ぶ

第301飛行隊の部隊マーク。1976年1月ごろに制定されたもので、百里基地から見える筑波山のガマの油売りの話に由来するカエルをデザインしたもの。黄色のマフラーには第7航空団の所属を表す7つの星が描かれている。第5航空団時代には星は5つに減らされていた

第302飛行隊の部隊マーク。部隊が発足した千歳基地が所在する北海道の尾白鷲をデザインしたもので、翼と尾と脚で「三〇二」を象っている。千歳から那覇、百里と2度の移動を経たが、部隊マークは40年以上にわたって受け継がれている

6-7 第8航空団(築城)

F-2を集中配備して、西方の守りを固める

第8航空団は、1964年12月28日に築城基地において新編されました。1957年10月1日に開設された築城基地では、当初は第3操縦学校(後に第16飛行教育団へ改編)がT-33Aジェット練習機による操縦教育を実施していましたが、1964年2月1日には、F-86Fを装備する第6飛行隊が、また同年の10月26日には第10飛行隊が新田原基地からそれぞれ移動して、後に発足した第8航空団の隷下に編入されています。

後の1977年8月1日には、第10飛行隊と入れ替わる形でF-4EJを装備する第304飛行隊が新編され、一方の第6飛行隊も1981年2月28日にF-1へ機種更新されました。これにより同団は航空自衛隊のなかで唯一、要撃戦闘と支援戦闘の双方の任務を担当する戦闘航空団に生まれ変わりました。

1980年代後半にF-4EJからF-15J/DJへの機種更新が開始されると、第304飛行隊は1990年1月12日にF-15J/DJの6番目の飛行隊として機種改編されました。第6飛行隊は2006年3月18日に後継機のF-2A/Bへ機種更新して現在に至っています。

2010年代に入り、南西方面での緊急発進回数の急増を受けて、那覇基地の第83航空隊がF-15J/DJの2個飛行隊体制に増強されることになりました。移動の対象となったのが第304飛行隊で、2016年1月31日に新たに発足した第9航空団の隷下に配置換えされました。なお、同年の7月29日には、第304飛行隊の代わりに三沢基地の第3航空団から第8飛行隊が築城基地へ移動して第8航空団の隷下に入りました。これにより同団は、第3航空団に代わってF-2A/Bを集中配備する戦闘航空団になりました。

Chapter 6 さまざまな飛行部隊

第6飛行隊のF-2A。洋上を低空飛行する機会が多いF-2は、ブルー系2色の洋上迷彩が施されている

第6飛行隊の部隊マーク。同隊が発足した新田原基地時代に制定された、高千穂の高天原の神話をモチーフにした部隊のワッペンに描かれた弓と矢と剣をアレンジしたデザインで、F-1からF-2へ機種更新された後も受け継がれている

第8飛行隊の部隊マーク。発足当初のF-86F時代のコールサインのパンサー（黒豹）をデザインしたもので、使用機種がF-1からF-4EJ改、そしてF-2へ更新された現在でも連綿と受け継がれている

6-8 第9航空団（那覇）

南西地域の最前線を担う戦闘航空団

第9航空団は、2016年1月31日に那覇基地において新編されました。航空自衛隊で戦闘航空団が新編されるのは、1964年12月に第8航空団が発足して以来、実に52年ぶりでした。

第9航空団の前身は、1973年10月16日に那覇基地において新編された第83航空隊です。「航空隊」は2個の飛行隊を隷下に収める「航空団」とは異なり、装備機の定数が1.5倍にされた**ビッグ・スコードロン**と呼ばれる飛行隊が隷下に1個のみ編成された組織です。航空自衛隊では、同隊の前に八戸基地（青森県）で第81航空隊と、岩国基地（山口県）で第82航空隊が編成されましたが、現在はすべて解散されています。

第83飛行隊は、当初はF-104Jを装備する第207飛行隊を隷下に収めていましたが、1985年11月26日に千歳基地の第2航空団からF-4EJを装備する第302飛行隊を編入し、翌1986年3月19日に第207飛行隊は解散しています。これにより航空自衛隊の戦闘飛行隊からF-104Jは姿を消すことになりました。

その後21世紀に入り、変化する安全保障環境に対応するため、第302飛行隊は2009年3月26日に、百里基地の第7航空団でF-15J/DJを装備する第204飛行隊と、配置替えが行われました。

さらに、2010年に閣議決定された防衛計画の大綱と中期防衛力整備計画に基づき、築城基地の第8航空団に所属する第304飛行隊を那覇基地に移動させて、2016年1月に第9航空団を新編、現在に至っています。航空自衛隊ではF-15J/DJの能力を向上させるために近代化改修を実施していますが、改修機は第9航空団に優先的に配備されています。

Chapter 6 さまざまな飛行部隊

第204飛行隊のF-15J近代化改修機。最新の空対空ミサイルを2種類（AAM-4とAAM-5）搭載している。第9航空団は航空自衛隊が実施する緊急発進の6割以上をひとつの戦闘航空団で担う、まさに最前線の部隊である

第204飛行隊の部隊マーク。白頭鷲の横顔をデザインしたもので、イーグルの中のイーグル（最強のF-15飛行隊）という意味が込められているほか、9枚の冠羽は第9航空団を表している。F-15Jに機種更新された時に制定されたが、第9航空団の発足時に冠羽が増やされたほか、グレー調の低視認化が図られた

第304飛行隊の部隊マーク。築城基地近傍の英彦山の天狗をデザインしたもので、F-4EJ時代に制定された。那覇基地の第9航空団への編入時にデザインは受け継がれたものの、グレー調の低視認化が図られた

6-9 偵察航空隊（百里）
航空自衛隊唯一の航空偵察部隊

偵察航空隊は、航空機による偵察活動を目的として1961年12月1日に松島基地において新編されました。当初の装備機種はF-86Fに偵察用カメラの搭載改修を施したRF-86Fで、翌1962年8月31日に入間基地へ移動しています。

なお、この時期に単発レシプロ機のT-28Bトロージャンに偵察改修を施した機体が1機のみ配備されましたが、翌1963年7月に不時着事故により用途廃止となっており、短期間の運用に留まっています。

後に本格的な偵察能力を持つRF-4Eの導入が決定され、1974年10月1日に百里基地において百里先遣隊が新設されました。同年の12月にはRF-4Eの配備が開始され、翌1975年10月1日には隊本部が百里基地へ移動し、百里先遣隊は**第501飛行隊**に、また入間基地でRF-86Fを運用する部隊は入間分遣隊にそれぞれ改編されています（入間分遣隊は1977年3月25日に解散）。

1993年6月22日には、偵察ポッドの搭載改修によって偵察型に転用されたRF-4EJの試改修機が配備されたのを皮切りに、15機のRF-4EJが配備されました。これにより14機が導入されていたRF-4Eと合わせて、偵察航空隊は30機近くのファントムを運用するビッグ・スコードロンになりました。

航空自衛隊ではRF-4E/EJの後継機として、F-15J/DJに偵察化改修を施す計画を立てましたが、後に計画はキャンセルされました。その理由は定かではありませんが、近年では衛星や無人機による情報収集が主流になってきたことが一因だと言われており、偵察航空隊はRF-4E/EJの退役に伴って解散される見込みです。

Chapter 6　さまざまな飛行部隊

編隊で飛行する第501飛行隊のRF-4EJ（手前）とRF-4E（奥）。C-1やCH-47Jと同様の迷彩塗装を採用したRF-4Eに対し、RF-4EJでは濃い色調の迷彩塗装が施されている

第501飛行隊の部隊マーク。RF-4Eが導入当初のガルグレーとホワイトの塗装から現在の迷彩塗装に変更される1981年ごろに制定されたもので、従来から飛行隊のワッペンに描かれていたキツツキをデザインしたもの

6-10 警戒航空隊 (浜松)

上空から我が国を見守り続ける警戒管制部隊

警戒航空隊は、地上の警戒管制レーダーでは探知が困難な低高度目標の早期発見と上空からの警戒監視活動などを目的として、1986年4月5日に三沢基地において新編されました。

隷下に編成された第601飛行隊では、導入された13機のE-2Cにより警戒待機任務に就いていましたが、さらなる早期警戒監視能力の向上を図るため、4機のE-767早期警戒管制機(AWACS)の導入が決定されました。最初の2機は1998年3月25日に浜松基地に到着し、同日に発足したE-767運用試験隊において運用試験が開始されました。

1年後の1999年3月25日には、警戒航空隊の司令部が三沢基地から浜松基地へ移転され、第601飛行隊は三沢基地でE-2Cを運用する第601飛行隊第1飛行班と、浜松基地でE-767を運用する第601飛行隊第2飛行班の2班に分割されました。

後に2005年3月31日の組織改編により、第1飛行班は飛行警戒監視隊に、また第2飛行班は飛行警戒管制隊にそれぞれ改称されました。

2010年代に入り、南西方面での中国機などの活動が活発化すると、警戒航空隊は那覇基地に展開して警戒監視任務にあたるようになりました。そこで任務を継続的かつ確実に行うために、2014年4月20日に飛行警戒監視隊は飛行警戒監視群へ昇格し、隷下にE-2Cを運用する**第601飛行隊**(三沢基地)と**第603飛行隊**(那覇基地)を収める体制に改編されました。

またE-767を運用する飛行警戒管制隊は、**第602飛行隊**(浜松基地)に改称されて現在に至っています。

Chapter 6　さまざまな飛行部隊

第601飛行隊のE-2C。機首の部隊マークの後方には2014年に創設60周年を迎えた航空自衛隊の記念マークが描かれている。警戒航空隊では2018年から新型のE-2Dの導入が予定されている

E-2Cを装備する第601飛行隊と第603飛行隊共通の部隊マーク。闇夜でも超音波を出すことで飛べるコウモリと電光をデザインしたもの。E-767も2005年3月までは同じマークを使用していた

E-767を装備する第602飛行隊の部隊マーク。2005年3月の飛行警戒管制隊への組織改編の際に新たに制定されたもので、守護神に譬(たと)えられるシマフクロウと電光をデザインしたもの

6-11 航空戦術教導団(横田)

戦術の研究や部隊への教導を担う精鋭集団

航空戦術教導団は、各種戦術の調査・研究を行い、航空総隊隷下の部隊に対して、より実戦的な環境での教導訓練を通じて、部隊の運用能力を向上させることを目的として、2014年8月1日に横田基地に新編されました。

それまでにも戦闘機や高射部隊、基地警備などに関する教導部隊が編成されていましたが、2013年12月に閣議決定された新しい防衛計画の大綱の方針に基づいて、各部隊を集約して一元的な管理や運用を行うことになりました。

航空戦術教導団は横田基地に所在する司令部のほか、**飛行教導群**(小松基地)、**高射教導群**(浜松基地)、**電子作戦群**(入間基地)、**基地警備教導隊**(百里基地)、**航空支援隊**(三沢基地)の各部隊から構成されています。

この中で戦闘機部隊に対する教導訓練を行う飛行教導群は、1981年12月15日に築城基地において新編された飛行教導隊がその前身となっています。当初の装備機種は国産初の超音速練習機であるT-2で、後の1983年3月16日に新田原基地へ移動、1990年4月に装備機種を現在のF-15DJに更新しています。そして2014年8月に飛行教導群へ改編された後、2016年6月に小松基地へ移動して現在に至っています。

入間基地に所在する電子作戦群は、現代の航空作戦で重要な電子戦環境下での作戦遂行能力を向上させるために編成された部隊です。その前身となる電子訓練隊は1964年3月22日に木更津基地(千葉県)において新編されました。当初の装備機種はC-46D輸送機に電子戦訓練装置を搭載したEC-46Dで、後の1968年5月

Chapter 6　さまざまな飛行部隊

に入間基地へ移動した後、電子戦訓練装置を搭載したYS-11E（後にYS-11EA）やEC-1を装備したほか、後に発足した電子飛行測定隊では、電波測定装置を搭載したYS-11EL（後にYS-11EB）を装備して、日々進化を遂げる電子戦環境に対応してきました。

飛行教導群のF-15DJ。同じ機種同士による訓練時の安全性の確保や教導効果を高めるため、様々なパターンや色彩の識別塗装が施されている。

飛行教導群の部隊マーク。戦闘機パイロットに必須の「勇・知・心」の象徴であるコブラをデザインしたもの。また背中に眼を思わせる模様があることから、背後の警戒も怠らないという意味も込められている

6-12 航空救難団（入間）

「他を生かすために」を信条に活動する救難部隊

　航空救難団は、自衛隊の航空機に事故が発生した場合の搭乗員の捜索救助を目的として、その前身となる救難航空隊が1958年10月1日に浜松基地において新編されました。その後、千歳、小牧、新田原などの各基地へ分遣隊が新編され、1960年7月1日に隊本部が入間基地に移動、翌1961年7月15日に航空救難群へ改編されています。その後も芦屋や入間、百里、新潟などの各基地に救難隊が新編され、同群は1971年3月1日に航空救難団へ改編されました。

　当初の装備機種はH-19CやH-21Bなどのヘリコプター（回転翼機）や、T-6、T-34Aなどのレシプロ固定翼機でしたが、後に救難ヘリコプターはS-62JやKV-107Aに更新されたほか、捜索機として双発ターボプロップ機のMU-2S/Aが導入されました。そして1991年からはUH-60J救難ヘリコプター、また1995年からはU-125A捜索救難機が導入されて現在に至っています。

　また、山岳地や離島に所在するレーダーサイトなどの分屯基地に対する端末空輸のため、1988年からCH-47J輸送ヘリコプターを装備する**ヘリコプター空輸隊**が、4個の方面隊につき1隊ずつ新編されています。

　なお、防衛庁長官の直轄部隊だった航空救難団は、1989年3月16日の航空自衛隊の組織改編により新編された航空支援集団の隷下に入りましたが、一体的な作戦運用を実施するため、2013年3月26日に航空総隊へ隷属換えされています。

　現在の航空救難団の任務は、航空救難をはじめ航空輸送や災害派遣などで、千歳、松島、秋田、新潟、百里、小松、芦屋、新

田原、那覇の各**救難隊**と、小牧基地に所在する**救難教育隊**および**整備群**、そして三沢、入間、春日、那覇の各ヘリコプター空輸隊から編成されています。

航空救難団が保有する全機種によるフライト。手前からUH-60J、CH-47J、U-125Aの各機。その装備や高い能力のため、海上保安庁をはじめ警察や消防などのレスキュー部隊が対応できないような状況下で出動が要請されることから、救難活動における"最後の砦"と呼ばれている

航空救難団の部隊マーク。大きく翼を広げた鷲の中央に救助を表す手をデザインしたもの。各救難隊とヘリコプター空輸隊の共通のマークで、下部には所属基地などの名称がローマ字表記で記入される

6-13 航空方面隊司令部支援飛行隊(班)
各方面隊の連絡や訓練の支援を担当する部隊

　航空自衛隊では北部、中部、西部の各航空方面隊と南西航空混成団の4個の方面隊が編成されています。各方面隊の司令部に勤務するパイロットの技量維持訓練や連絡などの支援飛行任務を担当するため、支援飛行隊や支援飛行班が編成されています。まず1968年10月1日に北部、中部、西部の各方面隊に支援飛行班が新編されました。

　北部支援飛行班は八戸基地の第81航空隊の隷下に、中部支援飛行班は入間基地の航空総隊司令部飛行隊の隷下に、そして西部支援飛行班は築城基地の第8航空団の隷下にそれぞれ編成されました。当初の装備機種はT-33A練習機でした。

　後の1978年3月31日に、北部支援飛行班は三沢基地に移動した第3航空団の隷下に編入されたほか、中部支援飛行班は航空総隊司令部飛行隊へ改編、また西部支援飛行班は西部航空方面隊司令部の隷下に編入、**西部航空方面隊司令部支援飛行隊**へ改編されています。なお、1972年5月の沖縄返還に伴い、翌1973年10月16日に南西航空混成団が新編され、同日に発足した第83航空隊の隷下に**南西支援飛行班**が新編されました。

　後に航空総隊司令部飛行隊は、2014年8月1日に**中部航空方面隊司令部支援飛行隊**へ改編されたほか、南西支援飛行班は2016年1月31日に新設された第9航空団の隷下に編入されています。

　装備機種は、1980年から2000年にかけて双発レシプロ機のB65が航空総隊司令部飛行隊と南西支援飛行班に配備されたほか、1993年からは現在のT-4練習機への機種更新が開始され、現在はすべての支援飛行隊(班)がT-4を運用しています。

Chapter 6　さまざまな飛行部隊

北部支援飛行班の部隊マーク。第3航空団の「3」と三沢基地が所在する青森県をデザインしたもの。1978年の第3航空団への編入後に、所在部隊で共通のデザインが採用された（部隊により色を変更）。後に第3、第8飛行隊は部隊マークを変更したが、同班は現在に至るまで同じデザインを継承している

中部航空方面隊司令部支援飛行隊の部隊マーク。1962年ごろに制定された航空総隊司令部飛行隊のマークをそのまま受け継いでいる。南西航空混成団が発足する以前の3個航空方面隊を意味する赤・黄・青のシェブロン（紋章）は、カタカナの"ヒ"（飛）も表している。2000年4月にT-4へ機種更新した後も同じマークを継承している

西部航空方面隊司令部支援飛行隊の部隊マーク。筑前福岡藩の初代藩主だった黒田長政の兜と玄海の荒波、博多湾沖の志賀島から発見された金印に刻まれた「漢委奴国王」をデザインしたもの。1996年5月にT-4へ機種更新した際にこのマークに変更された

南西支援飛行班の部隊マーク。沖縄の家の守り神であるシーサーを象ったもので、1984年に制定された。オリジナルのデザインは黄色だったが、2016年1月の第9航空団の発足に伴って、F-15飛行隊と同様にグレー調の低視認化が図られた

157

6-14 航空支援集団(府中)
航空自衛隊の後方支援を担当する専門組織

航空支援集団は、航空総隊が実施する防空任務や航空作戦などを支援する組織です。府中基地(東京都)に所在する航空支援集団司令部の隷下には、輸送機を運用する**輸送航空隊**をはじめ、航空管制を実施する**航空保安管制群**、航空気象業務を担当する**航空気象群**、航空保安施設などを航空機により点検する**飛行点検隊**、特別輸送(政府専用)機を運用する**特別輸送航空隊**、そして輸送機による重症患者の長距離搬送などを担当する**航空機動衛生隊**といった部隊が編成されています。

航空支援集団は、1989年3月16日の航空自衛隊の組織改編により新編されました。2013年3月26日には航空救難団が航空総隊へ隷属替えされたほか、翌2014年3月26日に航空機動衛生隊が航空支援集団に編入されて、現在に至っています。

隷下の輸送航空隊は、第1(小牧)、第2(入間)、第3(美保)の3個の部隊が編成されており、各種の輸送機により空中輸送を実施しています。また特別航空輸送隊では、B-747特別輸送機により要人の輸送などを担当しています。

航空保安管制群は群本部を府中基地に置き、航空機の運行情報などを扱う飛行管理隊(入間)や、飛行情報の校正・審査と自衛隊で使用する各種の飛行情報出版物の編集を担当する飛行情報隊(府中)のほか、各基地の航空交通管制業務を実施する17個の管制隊などから構成されています。

航空気象群は群本部を府中基地に置き、中枢気象隊(府中)や気象通信隊(府中)をはじめ、19個の気象隊と3個の気象班から構成されています。

航空支援集団の部隊編成(2016年度末)

- **航空支援集団(司令部:府中)**
  - **第1輸送航空隊(小牧)**
    - 第401飛行隊 [C-130H、KC-130H]
    - 第404飛行隊 [KC-767]
  - **第2輸送航空隊(入間)**
    - 第402飛行隊 [C-1、U-4]
  - **第3輸送航空隊(美保)**
    - 第403飛行隊 [C-1、YS-11]
    - 第41教育飛行隊 [T-400]
  - **航空保安管制群(府中)**
    - 飛行管理隊
    - 飛行情報隊
    - 移動管制隊
    - 管制隊
      - (千歳、三沢、松島、百里、入間、静浜、浜松、小牧、岐阜、小松、美保、防府、芦屋、築城、春日、新田原、那覇)
  - **航空気象群(府中)**
    - 中枢気象隊
    - 気象通信隊
    - 気象隊
      - (千歳、三沢、松島、小松、百里、東京、横田、入間、静浜、浜松、岐阜、小牧、美保、防府、芦屋、築城、春日、新田原、那覇)
    - 気象班
      - (秋田、新潟、硫黄島)
  - **飛行点検隊(入間)**
    - [YS-11FC、U-125]
  - **特別航空輸送隊(千歳)**
    - 第701飛行隊 [B-747]
  - **航空機動衛生隊(小牧)**

6-15 第1輸送航空隊 (小牧)

国際貢献活動でも活躍する航空輸送部隊

　第1輸送航空隊は、1978年3月31日に小牧基地において新編されました。その前身は1955年6月6日に美保基地において、C-46Dを装備する航空輸送部隊として新編された臨時美保派遣隊にまで遡ります。同隊は後の1958年10月1日に輸送航空団へ改編され、隷下に編成された部隊のひとつである輸送航空隊が(後に第401飛行隊へ改編)、第1輸送航空隊の編成時の母体になっています。新編当初の装備機種はC-1とYS-11でしたが、1984年3月からはC-130Hの導入が開始されたほか、1989年3月16日の組織改編による航空支援集団への編入を経て、2009年3月26日にはKC-767を装備する第404飛行隊が新編されて、現在に至っています。

　第1輸送航空隊は、C-130HとKC-767を装備する航空自衛隊で唯一の飛行部隊です。隷下の第401飛行隊は本来の輸送任務に加えて、C-130Hの特長でもある長い航続距離を活かして国際平和協力業務などでも活躍しています。2004年1月から2008年12月にかけては、イラク復興支援派遣輸送航空隊としてクウェートに派遣され、イラクの各空港に対して国民向けの医薬品や米英軍の生活関連物資などを空輸しています。

　第404飛行隊は、航空自衛隊で唯一空中給油を主任務とする部隊として新編されましたが、KC-767の大きな貨物搭載量やジェット輸送機ならではの高速性能を活かして、海外で災害が発生した時に迅速に援助物資などを空輸する、国際緊急援助活動などでも活躍しています。なお、現在では第401飛行隊も一部のC-130Hが空中給油機能を獲得して、任務にあたっています。

Chapter 6 さまざまな飛行部隊

第401飛行隊のKC-130H。この機体は通常のC-130Hに対して、主翼下の外側に増設されたポッドにより、UH-60J救難ヘリコプターに対して空中給油を可能にしたタイプで、自機も空中給油を受けるための受油機能が付与された

第401飛行隊の部隊マーク。発足当初は数字の「1」と小牧城のシャチホコを日本地図風にアレンジしたものを使用していたが、第404飛行隊の新編に伴って部隊のワッペンに使用されていたペガサスをデザインしたものに改められた（ペガサスはC-46Dの愛称である「天馬」にちなんだもの）

第404飛行隊の部隊マーク。同隊のモットーである"Fast and Furious（速く猛烈に）"をイメージした黒馬の横顔をデザインしたものだが、小牧の地名の由来にもなった「駒来」にちなんだ馬をデザインしたという説もある

6-16 第2輸送航空隊(入間)

通常の航空輸送任務に加えて要人輸送も担当

　第2輸送航空隊は、1978年3月31日に入間基地において新編されました。その前身は1958年12月1日に航空輸送団隷下に新編された木更津派遣隊(装備機種:C-46D)にまで遡ります。同隊は後の1959年6月1日に木更津航空隊へ改編され、1968年5月31日に入間基地へ移動して、入間航空隊に改称されました。そして1978年3月の輸送航空団の組織改編により、第2輸送航空隊へ改編されました。新編時の装備機種はC-1とYS-11でしたが、1997年2月からはU-4の導入が開始され、後にYS-11は同隊の所属から離れています。

　第2輸送航空隊は、隷下の第402飛行隊がC-1とU-4を運用しています。U-4は中部航空方面隊司令部支援飛行隊でも運用されていますが、パイロットや整備員などの要員の教育や機体の整備は同隊が担当しています。また入間基地に所在するほかの部隊の大型機(YS-11やEC-1)の整備も担当しています。

　同隊の主な任務は、ほかの輸送航空隊と同様に輸送機による人員や物資の空輸で、通常の基地間の定期輸送便や特別便の運航に加えて、国賓やVIPなどの要人輸送や国際貢献任務での国外運航、そして災害発生時には救援物資や急患の空輸も担当しています。また陸上自衛隊の空挺部隊が行う落下傘降下や、物資投下の支援も実施しています。

　航空自衛隊では、2016年度末から新しいC-2輸送機の部隊配備が開始されていますが、まず美保基地の第3輸送航空隊から機種更新が行われるため、第2輸送航空隊はC-1を最後まで運用する部隊になる見込みです。

Chapter 6　さまざまな飛行部隊

第2輸送航空隊のU-4（手前）とC-1（奥）。同隊は首都圏に近い航空輸送部隊ということもあり、要人輸送などに使用されるU-4を輸送航空隊の中で唯一運用している

第402飛行隊の部隊マーク。第2輸送航空隊のワッペンがそのまま採用されており、赤色の日本地図と2本の稲妻をバックに金色の鷲が飛んでいるデザイン。下部には"2ND TAG（Transport Air Group）"の文字が入れられている

6-17 第3輸送航空隊(美保)

輸送機などの要員教育も担当する航空輸送部隊

　第3輸送航空隊は、1978年3月31日に美保基地において新編されました。その前身は1961年7月15日に航空輸送団隷下に新編された飛行教育隊(装備機種：C-46D)にまで遡ります。同隊は1978年3月の輸送航空団の組織改編により第3輸送航空隊へ改編されました。新編時の装備機種はYS-11でしたが、1979年3月からC-1を導入、そして1995年6月1日にT-400によるパイロットの教育を担当する第41教育飛行隊が隷下に新編されて、現在に至っています。

　第3輸送航空隊は、隷下の第403飛行隊がC-1とYS-11を運用しています。現在YS-11は順次退役が進められており、通常の輸送機型のYS-11は近い将来に航空自衛隊から姿を消すことになります。またC-1も減勢が始まっており、2016年度末から同隊に対して新型のC-2の配備が開始されています。

　第3輸送航空隊は飛行教育隊を母体としていることから、C-1やYS-11のパイロットをはじめ、ナビゲーターやロードマスターと呼ばれる空中輸送員、機上整備員、機上無線員などの、航空機に乗務して運航に関わる要員に対する教育を実施しています。

　また第41教育飛行隊では、T-400により輸送機や救難機のパイロットを養成する基本操縦(T-400)課程の教育を実施しています。この課程では約12か月にわたって様々な訓練が実施され、修了時にはパイロットの証であるウイングマークが授与されます。なお操縦教育体制の一貫化を図るため、同隊は2020年度に飛行教育集団への隷属替えが実施される予定ですが、現時点でどの基地に移動するかについては、まだわかっていません。

Chapter 6 さまざまな飛行部隊

第3輸送航空隊の所属機による編隊飛行。手前から第41教育飛行隊のT-400と第403飛行隊のYS-11、そしてC-1。YS-11やC-1の退役が進められているため、このラインナップによる編隊飛行が見られるのもあとわずかになっている

第403飛行隊の部隊マーク。3代目となる現用のマークは、美保基地に近い出雲地方にまつわる神話の『古事記』にちなんで、大国主神と因幡の白兎をデザインしたもの。新たに配備されたC-2では、グレー調の低視認化が図られた

第41教育飛行隊の部隊マーク。数字の「41」を青と赤でアレンジしたデザインが採用されている

6-18 特別輸送航空隊（千歳）

日本のエアフォース・ワンを運用する航空輸送部隊

　特別輸送航空隊は、1993年6月1日に千歳基地において新編されました。日本政府ではそれまで要人などの輸送は民間の航空会社に委託していましたが、各国の例にならって1987年に政府専用機としてボーイング747-400を2機導入することを決定しました。1991年9月に1号機、同年11月に2号機がそれぞれ総理府に納入され、翌1992年4月1日に機体が防衛庁（現：防衛省）へ移管されたことを受けて、千歳基地に臨時特別航空輸送隊が新編されました。同隊では約1年にわたる運用試験を実施して、翌1993年6月に正式な部隊として発足しています。

　特別航空輸送隊の任務は、皇室や政府の要人輸送をはじめ、自衛隊が参加する国際平和協力活動や国際緊急援助活動では、隊員や物資などの輸送も行うほか、緊急時における在外邦人の輸送業務など広範にわたっています。

　隷下の第701飛行隊では、B-747特別輸送（政府専用）機により任務を実施しています。これまでに実施した任務運行回数は300回を超えており、訪れた国は90か国（250地点）以上にもおよんでいます。

　B-747は特別航空輸送隊が任務を実施する上で最適な機体ですが、整備や要員の教育を委託している国内の航空会社からB747が退役してしまったこともあり、業務の委託が困難になってきました。そのため後継機としてボーイング777-300ERが選定され、導入に向けた準備が進められています。2018年度に機体を受領し、要員の訓練や運用試験などを経て、2019年度から任務運航に投入される予定です。

Chapter 6 さまざまな飛行部隊

同じ千歳基地の第2航空団に所属するF-15Jのエスコートを受けて飛行する、第701飛行隊のB-747。"ジャンボジェット"の愛称を持つボーイング747の圧倒的な存在感は、同隊が担当するシンボリックな任務にふさわしい

特別航空輸送隊の部隊マーク。地球を駆け巡るB-747のシルエットに加えて、機体と同じ赤と金色の帯に部隊の英語名称が記入されている。なお、ほかの部隊の航空機とは異なり、機体の外部に部隊マークなどは一切描かれていない。帯に記入された"ASC"の文字は、同隊が所属する航空支援集団(Air Support Command)の頭文字

6-19 飛行点検隊（入間）
航空保安施設を点検し、空の交通の安全を守る

　飛行点検隊は、航空保安管制気象群（現：航空保安管制群）の隷下部隊として、1958年10月1日に美保基地において新編されました。当初はC-46Dに飛行点検機材を搭載した機体を装備していましたが、1959年6月1日に木更津基地へ移動し、後の1968年5月31日には現在の入間基地へ移動、装備機種をYS-11FCに更新しています。その後、MU-2JやT-33Aなどの機種も装備しましたが、1992年12月に後継機となるU-125の受領を開始した後は、両機種とも徐々に退役しました。

　同隊の任務は、防衛省が管理する航空保安施設や航空交通管制施設の機能や精度などを点検・評価することで、現在はYS-11FCとU-125の2機種により任務にあたっています。

　なお、陸上自衛隊や海上自衛隊では飛行点検機を保有していないため、点検の対象となる施設は陸・海・空3自衛隊を合わせて43基地、約160か所以上におよんでいます。

　同隊が実施する飛行点検には、運用中の施設に対する「定期点検」をはじめ、施設の定期整備の後に装置などが正常に作動しているかどうかを確認する「特別飛行点検」、そして新しく設置された施設に対する「初度飛行点検」などの種類がありますが、わずかな機数の飛行点検機で、全国に点在する数多くの施設の点検作業を実施しなければならないため、部隊の業務は多忙を極めています。

　老朽化したYS-11FCを更新するため、2016年末には次期飛行点検機としてサイテーション680Aの採用が決定されました。同機は2020年度までに合計で3機が導入される予定です。

Chapter 6 さまざまな飛行部隊

1975年から4機が導入されたMU-2J。三菱重工業が開発した国産双発ターボプロップ機のMU-2Gに飛行点検用の機材を搭載した機体で、1992年から後継機として導入が開始されたU-125と入れ替わる形で全機が退役した

飛行点検隊の部隊マーク。Flight Check（飛行点検）の「チェック」の用語にちなんだチェスの駒と、垂直尾翼にも描かれている紅白のチェッカー（市松模様）をデザインしたもの

169

6-20 航空教育集団（浜松）
航空自衛隊の教育を一元的に実施する組織

　航空教育集団は、航空自衛官として必要な基本的事項を習得させるための一般教育、パイロットを養成するための飛行教育、そして航空自衛隊の職務に必要な知識や技能を付与する術科教育などを主な任務とする組織です。浜松基地に所在する航空教育集団司令部の隷下には、飛行教育を実施する**航空団**や**飛行教育団**などの飛行部隊をはじめ、新たに採用された隊員の教育を実施する**航空教育隊**、幹部要員に対する教育を実施する**幹部候補生学校**、各職域に関する専門的な教育を実施する**術科学校**、教材の製作などを担当する**教材整備隊**といった部隊が、10か所の基地に14個編成されています。

　航空教育集団は、1989年3月16日の航空自衛隊の組織改編により、従来の飛行教育集団をはじめ、術科教育本部や航空教育隊、幹部候補生学校、教材整備隊などの教育関連の部隊を統合する形で新編され、現在に至っています。

　隷下の飛行教育部隊は、初級操縦課程の操縦教育を担当する第11飛行教育団（静浜：静岡県）と第12飛行教育団（防府北：山口県）、基本操縦前期課程を担当する第13飛行教育団（芦屋）、基本操縦後期課程や戦闘機操縦基礎課程を担当する第1航空団（浜松）、戦闘機操縦（F-2）課程を担当する第4航空団（松島）、そして戦闘機操縦（F-15）課程を担当する飛行教育航空隊（新田原）が編成されており、段階的に教育が実施されています。

　術科学校は、航空機関連の整備教育を担当する第1術科学校（浜松）をはじめ、地上のレーダーや地対空誘導弾の整備教育を担当する第2術科学校（浜松）、補給や調達、総務など後方業務に関す

る教育を担当する第3術科学校(芦屋)、通信や気象に関する教育を担当する第4術科学校(熊谷:埼玉県)、そして航空管制や警戒管制などに関する教育を担当する第5術科学校(小牧)が編成されています。

航空教育集団の部隊編成(2016年度末)

6-21 第1航空団 (浜松)

空自発祥の地で飛行教育を行う最初の航空団

　第1航空団は1956年10月1日に、浜松基地において航空自衛隊初の航空団として新編されました。その前身は1955年12月1日に同基地で新編された「航空団」で、1956年1月10日に、F-86Fを装備する最初の飛行隊として新編された第1飛行隊と第2飛行隊の2個の飛行隊を隷下に収める形で発足しました。

　同団はその後に編成されたほかの航空団とは異なり、F-86F戦闘機による操縦教育を主任務としていました。後の1960年4月12日には、第2飛行隊の中に初代のブルーインパルスである空中機動研究班が新編されているほか(同年8月1日に特別飛行研究班に改称)、1965年1月30日には、前年の10月26日にT-33Aによる操縦教育を実施するために築城基地で新編された第33教育飛行隊を編入しました。また1979年4月1日には、1973年8月23日に松島基地で新編された第35教育飛行隊を編入すると共に、1965年11月20日の第2飛行隊に続いて第1飛行隊が解散して、第1航空団はT-33Aによる基本操縦課程の教育を実施する航空団になりました。なお1981年12月17日には、特別飛行研究班から戦技研究班へ改称されていたF-86ブルーインパルスが解散、T-2を装備する第4航空団第21飛行隊の中に新編された戦技研究班にバトンを渡しています。

　後の1989年10月2日にはT-4を装備する第31教育飛行隊が、そして1990年3月31日には第32教育飛行隊が新編されたことを受けて、第33教育飛行隊が1990年10月1日、そして第35教育飛行隊が1991年3月31日にそれぞれ解散して、現在に至っています。

　第1航空団では、T-4により戦闘機のパイロットを養成する基本

操縦（T-4）後期課程の教育が実施されています。約8か月にわたる訓練を経てウイングマークが授与され、その後は戦闘機による教育の準備段階として、戦闘機操縦基礎課程の教育が約2か月にわたって実施されます。

編隊を解散する第1航空団のT-4。同団では1988年9月にT-4の量産初号機を受領しており、同年の10月1日に臨時T-4教育飛行隊を編成して、T-33Aからの機種更新が進められた

第31教育飛行隊の部隊マーク。黄色と黒のチェッカーの帯はF-86FからT-33A時代を経て長年受け継がれてきたもので、T-4からは垂直尾翼の形状に合わせて斜めに描かれるようになった。第35教育飛行隊の流れを受け継ぐ同隊は、下側に青のラインを入れている

第32教育飛行隊の部隊マーク。第31教育飛行隊と共通のデザインを採用しており、第33教育飛行隊の流れを受け継ぐ同隊は、下側に赤のラインを入れている

6-22 第4航空団 (松島)

戦技教育部隊とブルーインパルスを擁する航空団

第4航空団は、1958年2月16日に松島基地において新編されました。同団は1957年2月1日に浜松基地でF-86Fを装備して新編された第5飛行隊を隷下に収めましたが、1960年7月1日に新田原基地から第7飛行隊を編入するのと同時に、同団は飛行教育集団から航空総隊へ隷属替えされました。

当時の松島基地では、新たにF-86Fの飛行隊を編成する際の母基地の役割を果たすことが多く、1960年10月29日には第8飛行隊が第4航空団の隷下に新編され、翌1961年2月1日には第9飛行隊も続いて新編されました。後に第8飛行隊は1961年5月1日に小松基地の第6航空団へ編入され、第9飛行隊も1961年7月15日に松島基地に新編された第7航空団へ編入されました。

同団には1963年3月5日に千歳基地から第3飛行隊が編入されましたが(翌1964年2月10日に第81航空隊へ移動)、1971年7月1日に第5飛行隊が解散し、第7飛行隊が単独で任務を実施するなか、1973年8月23日の第35教育飛行隊の新編と共に、同団は再び飛行教育集団へ隷属替えされました。

1975年3月には新たに国内で開発されたT-2の量産初号機を受領し、翌1976年10月1日に第21飛行隊が新編されました。続く1978年4月5日には第22飛行隊も新編され、同団はT-2による戦闘操縦課程の教育を実施する航空団となりました。後の1982年1月12日には、第21飛行隊の中に2代目ブルーインパルスとなる戦技研究班が新編されました。また1995年12月22日には、T-4を装備する3代目ブルーインパルスとなる第11飛行隊が同団の隷下に新編されました。それまでブルーインパルスは、飛行隊の中のひ

とつの班に過ぎませんでしたが、同隊は独立した展示飛行専門の飛行隊として編成されています。

2001年3月27日には、T-2の老朽化に伴い第22飛行隊が解散されたほか、第21飛行隊は2004年3月29日にF-2Bへ機種改編されています。現在、第4航空団では戦闘機操縦（F-2）課程の教育が約10か月にわたって実施されています。

第21飛行隊のF-2B。2011年3月11日に生起した東日本大震災の津波により18機のF-2Bが被害を受けた。松島基地が復旧するまでの間は三沢基地で移動訓練が実施されていたが、2016年3月20日に帰還を果たしている

第11飛行隊の部隊マーク。F-86F時代に制定されたワッペンのデザインをアレンジしたものを機体のエア・インテーク脇に描いている

第21飛行隊の部隊マーク。数字の「4」をアレンジしたもので、1985年5月に制定されたF-86F時代のマークを復刻したデザインを、T-2から機種改編される際にそのまま受け継いでいる

6-23 第11飛行教育団(静浜)

学生パイロットの最初の操縦教育を担当

第11飛行教育団は、1959年6月1日に小月基地(山口県)において新編されました。その前身は1954年7月5日に浜松基地に新編された操縦学校にまで遡ります。同隊は後の1955年11月1日に第1操縦学校へ改称され、翌1956年3月26日に小月基地へ移動しています。そして1959年6月1日の飛行教育団の新編に伴う教育部隊の組織改編により、同校は第11飛行教育団へ改編されました。

T-34Aにより初級操縦教育を担当していた同団は、1964年5月30日に現在の静浜基地へ移動しています。1958年8月1日に開設された静浜基地では、T-6を装備する第2操縦学校第2分校(1959年6月1日に第15飛行教育団へ改編)による初級操縦教育が実施されていましたが、第11飛行教育団の移動により、第15飛行教育団は翌5月31日に解散されています。

その後の1980年3月28日に、同団はT-34Aを国内で改良したT-3へ機種更新されたほか、27年後の2007年2月22日には、エンジンをターボプロップに換装した改良型のT-7に機種更新されています。

現在、第11飛行教育団では、防府北基地の第12飛行教育団と共に、初級操縦課程の教育が約6か月にわたって実施されています。この課程を終了した学生パイロットは、戦闘機要員と輸送・救難機要員の2つのコースに分けられ、前者は芦屋基地の第13飛行教育団、後者は美保基地の第41教育飛行隊が担当する課程にそれぞれ進みます。このほかにもアメリカ空軍にパイロットの教育を委託するコースもあります。

Chapter 6　さまざまな飛行部隊

第11飛行教育団のT-7。エンジンのターボプロップ化により性能の向上と低騒音化を両立させている。垂直尾翼の上部には、機体を管理する整備分隊を識別するマーク（3本線）が色違いで入れられている

第11飛行教育団の部隊マーク。T-34Aの時代に制定された、富士山と基地の近くを流れる富士川を赤と青でデザインしたものを受け継いでおり、川の部分は数字の「11」を表している

6-24 第12飛行教育団（防府北）

航空学生や飛行訓練開始前の地上教育も担当

第12飛行教育団は、1959年6月1日に防府基地（現：防府北基地）において新編されました。その前身は1955年11月1日に同基地で新編された第1操縦学校分校で、T-34Aによる初級操縦教育を実施する部隊として編成されました。後の1959年6月1日の飛行教育団の新編に伴う教育部隊の組織改編により、同校は第12飛行教育団へ改編されました。

その後の1981年3月27日にはT-3へ機種改編し、静浜基地の第11飛行教育団と共に第1初級操縦課程の教育が実施されました。そして2005年1月14日に後継機であるT-7へ機種改編され、現在では初級操縦課程の操縦教育が約6か月にわたって実施されています。

第12飛行教育団には隷下に**航空学生教育群**や**操縦適性検査隊**、**地上準備教育隊**などの部隊が編成されています。

航空学生教育群は、高等学校卒業者を対象に航空要員（パイロット）の候補生として選抜された航空学生の教育・訓練を担当する部隊で、その教育期間は約2年間にわたります。

操縦適性検査隊は、航空要員の選抜のための操縦適性を検査する部隊です。実機による飛行検査をはじめ、面接検査や医学適性検査などを通じて、候補者の操縦適性を確認しています。

地上準備教育隊は、実機による訓練の前に必要な座学や訓練を地上で担当する部隊です。公資格である事業用操縦士の学科試験の受験に向けて、航空工学や航空気象などの学科教育を実施します。また飛行業務に必須の英語教育をはじめ、低圧（チャンバー）訓練や落下傘降下訓練なども実施しています。

Chapter 6 さまざまな飛行部隊

2005年まで第12飛行教育団で使用されていたT-3。T-7に比べて短い機首や後退角がない垂直尾翼の形状がクラシックな雰囲気を醸し出している

第12飛行教育団の部隊マーク。毛利元就の「三矢の訓」の逸話にちなんで毛利藩の紋と飛翔する翼をアレンジしたもので、3枚の翼は「向上」と「希望」、「団結」を象徴している。1959年6月のT-34A時代に制定され、現在に受け継がれている

6-25 第13飛行教育団 (芦屋)

一貫してジェット機による操縦教育を担当

第13飛行教育団は、1959年6月1日に宇都宮基地(栃木県)において新編されました。その前身は、T-6による操縦教育を実施するため保安隊時代の1954年6月1日に新編された、臨時松島派遣隊にまで遡ります。同隊は翌1955年11月1日に第2操縦学校へ改編され、1957年8月1日に宇都宮基地へ移動しています。後の1959年6月1日の飛行教育団の新編に伴う組織改編により、同校は第13飛行教育団へ改編されました。

1960年8月1日には、国産初のジェット練習機であるT-1による操縦教育を実施するために岐阜基地へ移動しましたが、1962年10月20日に現在の芦屋基地へ移動しています。同団ではジェット練習機を使用した第2初級操縦課程の教育が実施されましたが、1999年6月1日に隷下の第1飛行教育隊が後継機のT-4へ機種更新したほか、第2飛行教育隊も翌2000年12月14日に機種更新を完了、同日をもってT-1A/Bによる40年にわたる飛行教育の歴史に幕が降りました。

現在、第13飛行教育団では、戦闘機パイロットの要員に対する基本操縦(T-4)前期課程の教育が約6か月にわたって実施されています。ここでは国産のT-4練習機によりジェット機の操縦の基礎を習得し、課程を修了した後は浜松基地で実施されている基本操縦(T-4)後期課程にステップアップします。

芦屋基地では1961年2月1日の開設以来、一貫して操縦教育を担当してきたほか、航空自衛隊の補給や調達、総務、人事、会計などの後方業務に関する教育を担当する、第3術科学校も所在しています。

Chapter 6 さまざまな飛行部隊

2000年まで第13飛行教育団で使用されていたT-1A。国産初のジェット練習機で、1958年1月19日に初飛行に成功している。イギリス製のエンジンを搭載するA型と、国産のエンジンを搭載するB型が合わせて66機生産された

第13飛行教育団の部隊マーク。芦屋基地近くの玄界灘の荒波と漢数字の「十三」を青でデザインしたもので、1994年ごろに制定されたものをT-1から受け継いでいる

6-26 飛行教育航空隊 (新田原)
F-15を使用した戦技教育を実施する飛行部隊

飛行教育航空隊は、2000年10月6日に新田原基地において新編されました。

それまで新田原基地の第5航空団隷下の第202飛行隊では、通常の要撃戦闘飛行隊としての任務に加えて、F-15の機種転換教育を担当していました。

1995年11月末に閣議決定された防衛計画の大綱で、要撃飛行隊の1個隊の削減が定められたことに加えて、T-2の減勢に伴う教育体系の見直しにより、この第202飛行隊を整理・解散して、新たにF-15による戦技教育を専門に行う部隊が航空教育集団隷下に編成されることになりました。こうして発足したのが飛行教育航空隊です。

同隊の隷下に編成された第23飛行隊では、浜松基地の戦闘機操縦基礎課程を修了してF-15のパイロットとなる学生に対して、戦闘機操縦(F-15)課程の教育を約9か月にわたって実施しています。この課程では、F-15J/DJにより戦闘機同士の格闘戦などを訓練する対戦闘機戦闘(ACM[※1])や、地上の要撃管制官からの指令や自機に搭載されている火器管制レーダーを使用して目標機を要撃する要撃戦闘(GCI[※2])などの戦技教育が実施されます。松島基地の第21飛行隊でもF-2Bにより同様の教育が実施されています。

戦闘機操縦課程を修了したあとは、全国のいずれかのF-15飛行隊に配属され、一人前のファイターパイロットになるまで厳しい訓練が実施されます。最初は僚機操縦者(ウイングマン)を務めますが、さらに経験を積むことで2機、4機、そして多数機の編隊長資格や教官の資格を獲得していきます。

※1 ACM: Air Combat Maneuvering
※2 GCI: Ground Controlled Intercept

Chapter 6 さまざまな飛行部隊

新田原基地に着陸する第23飛行隊のF-15DJ。同隊では複座のF-15DJによる教育が主体となっているが、ある程度の技量に到達すると、単座のJ型を使用した教育も実施される

第23飛行隊の部隊マーク。漢数字の「二三」と宮崎県・都井岬の野生馬をアレンジしたもので、赤と黄色のカラーは同隊の前身となった第202飛行隊から受け継いでいる

6-27 航空開発実験集団（府中）
空自の様々な装備品の研究開発や試験を担当

航空開発実験集団は、航空自衛隊で使用する航空機や装備品などの研究開発を主な任務とする組織です。府中基地に所在する航空開発実験集団司令部の隷下には、航空機や搭載装備品の試験や研究開発を担当する**飛行開発実験団**をはじめ、地上の通信電子機材の試験や評価などを担当する**電子開発実験群**、そして航空医学の研究などを担当する**航空医学実験隊**といった部隊が編成されています。

航空開発実験集団は、1989年3月16日の航空自衛隊の組織改編により、従来の航空実験団をはじめ、電子実験隊や航空医学実験隊などの部隊を統合する形で入間基地において新編されました。後の1990年3月には飛行開発実験団の隷下に電子戦技術隊が新編されたほか、2014年8月1日に司令部が府中へ移転して現在に至っています。

隷下の飛行開発実験団（岐阜）は、航空自衛隊が運用している航空機の大半の機種を保有しており、各種の研究開発や試験を実施するほか、テストパイロットや技術幹部の養成も担当しています。同団の沿革については**6-28**で解説します。

電子開発実験群（府中）は、地上の通信電子機材などの試験や評価、研究などを実施するほか、電波環境や通信の品質に関する技術調査を担当しています。その前身は1961年2月1日に岐阜基地で新編された電子実験隊で（後の1968年10月1日に入間基地へ移動）、1989年3月16日に電子開発実験群へ改編されて航空開発実験集団へ編入されています。

航空医学実験隊（入間・立川）は、航空医学の研究をはじめ、

乗員の航空身体検査や航空生理訓練などを担当しています。その前身は1957年11月1日に立川分屯基地（東京都）で新編された臨時航空医学実験隊で、翌1958年11月1日に航空医学実験隊として正式に発足、1989年3月16日に航空開発実験集団へ編入されて現在に至っています。

航空開発実験集団の部隊編成（2016年度末）

- 航空開発実験集団（司令部：府中）
  - 飛行開発実験団（岐阜）
    - 飛行実験群
      [F-15J、F-15DJ、F-2A、F-2B、F-4EJ、F-4EJ改、T-4、T-7、C-1、C-2]
    - 整備群
    - 誘導武器開発実験隊
    - 電子戦技術隊
    - 飛行場勤務隊
  - 電子開発実験群（府中）
  - 航空医学実験隊（入間・立川）

航空医学実験隊が装備する遠心力発生装置は、訓練者を搭乗させた先端のゴンドラを高速で回転させることにより、機動飛行時にかかる「G」を再現することができる

6-28 飛行開発実験団(岐阜)

航空機や搭載装備品の開発・試験を担当

飛行開発実験団は、1989年3月16日に岐阜基地において新編されました。その前身は1955年12月1日に浜松基地で新編された実験航空隊にまで遡ります。1957年3月31日に現在の岐阜基地へ移動し、後の1974年4月11日に航空実験団へ改称、そして1989年3月16日の組織改編で飛行開発実験団に改編されて、航空開発実験集団へ編入されています。

同団では航空機や搭載装備品の研究開発をはじめ、防衛装備庁が実施する技術試験や研究への協力を実施しており、これまでに多くの試験が実施されてきました。

創設期の実験航空隊から現在までに装備された航空機はT-34A、T-6、T-28B、KAL-2、DH115バンパイア、T-33A、T-1A/B、C-46D、F-86D、F-86F、F-104J/DJ、T-2、T-3、C-1、F-4EJ、F-15J/DJ、T-4、F-2A/B、T-7、C-2など多岐にわたっており、その他にもS-62JやYS-11、KV-107、MU-2、RF-4E、C-130H、E-2C、CH-47J、UH-60J、U-125、T-400、U-4、E-767、KC-767などの導入時には実用試験も担当しています。現在は防衛装備庁が開発を進めている、X-2先進技術実証機の試験を支援しています。

また航空機以外にも、AAM-1からAAM-5までの空対空誘導弾をはじめ、ASM-1やASM-2空対艦誘導弾など、国内で開発された各種のミサイルや兵装類の試験も担当してきました。

様々な開発や試験を担当する飛行開発実験団の隷下には、飛行実験群をはじめ整備群、誘導武器開発実験隊、そして電子戦技術隊など、通常の飛行部隊とは異なり多くの部隊が編成されています。

Chapter 6 さまざまな飛行部隊

飛行開発実験団の所属機による異機種フォーメーション。飛行特性や性能が異なる航空機で編隊飛行を実施するためには、高度な技量が要求される

飛行開発実験団の部隊マーク。機体に発生する衝撃波と人工衛星の軌道をアレンジしたもので、1964年の実験航空隊時代に制定されたデザインを、2度にわたる組織改編の際に小さな変更を加えながら受け継いでいる

国産初のジェット戦闘機F-1。国産のT-2超音速練習機から発展した支援戦闘機で、通常の対地兵装に加えてASM-1対艦ミサイルの装備により、我が国への侵攻を企てる艦艇に対して大きな抑止力を果たした

※本書のデータは2016年度末時点のものを掲載しています。機体のメーカー名は、原則的に導入時の社名を表記し、後に社名が変更された場合は、下に注釈として現在の社名を記載しています。またライセンス生産された機体については、国内メーカーの社名も併記しています。掲載されている写真で特に記載がないものは、すべて筆者が撮影したものです。

《 参 考 文 献 》

『防衛白書』防衛省

『防衛省政策評価書』防衛省

『防衛庁技術研究本部五十年史』防衛庁技術研究本部(現・防衛装備庁)

朝雲新聞社出版業務部/著『自衛隊装備年鑑』朝雲新聞社

赤塚 聡/著『航空自衛隊の翼 60th』イカロス出版

※その他、防衛省をはじめ各国の政府機関、メーカーなどの公開資料、ウェブサイトなどを参考にしています。

索引

英

AWACS	21、46、150
BADGEシステム	12、80
EO-DAS	40
EOTS	40
HOTAS	30、38
i3ファイター	130
IRCCM能力	98
JADGEシステム	80、86
RCS	40、41、84、128、129
STOL	50

あ

アビオニクス	38
アレスティング・フック	129
イーグル・ウイング	134、140、142
ウイングマーク	164、173
ウイングマン	182
ウエポンベイ	40、129
撃ちっ放し能力	30、90、96、97、100
エッジ・マネージメント	128
オフ・ボアサイト能力	98

か

角度欺瞞	110
ガメラレーダー	84、85
慣性航法装置	38
キャノピー・コーティング	128
距離欺瞞	110
緊急発進	10、18〜21、24、44、144、147
近接航空支援	34
空中給油受油能力	54
空中線装置	82、84、86、87
空挺扉	50
クラウド・シューティング	130
クルー・コーディネーション	76
航空阻止	34
航空優勢	10
高高度偵察カメラ	42
合成開口レーダー	126
広帯域雑音妨害	110
国際平和協力	11、22、23、52、54、160、166
コリドー	110

さ

サイドスラスター	88
サバイバル・ジャケット	118
シーカー	96〜101、103、105、112、126
自動飛行点検装置	68、69
受油プローブ	64、65
焼夷榴弾	106
推力偏向制御	98
スーパークリティカル翼	52
スクランブル	10、11、24
スネークダクト	128
スパン	45、126
スポンソン	62
スラストリバーサー	50、66、76
赤外線暗視装置	64、66、67
赤外線偵察装置	42
セルフサーチ機能	98
戦術偵察ポッド	42
戦術電子偵察ポッド	42
戦術輸送機	50、52、54
戦闘行動半径	32

索引

戦闘飛行隊	27、30、34、38、137、146、182
即応態勢	20

た

ターゲット・ドローン	116
ターゲティング・ポッド	104
ダート標的	114
ターボ・プロップ	45、50、54、58、72、73、154、169、176、177
ターボジェット・エンジン	102、103、116、117
ターレット	108、109
耐G服	118
第一次防衛力整備計画	12
対外有償軍事援助	44
対領空侵犯措置任務	11、26、34
タンデム・ローター形式	62
弾道ミサイル防衛	80、82、84
中期業務見積	13
中期防衛力整備計画	13、88、121、122、146
長距離偵察カメラ	42、43
低高度偵察カメラ	42
敵味方識別装置	20、38、46
デュアル・スラスト・ロケットモーター	100
電子支援対策	46、120
電子妨害	26、48、97、100
統合直接攻撃弾	33、34、104
トーイング	94
トルソーハーネス	118

な・は

ナイキ	12、13、88、90
ナビゲーター	164
ネットワーク戦闘能力	30、40
バック・トゥ・バック方式	82
発射後のロックオン	98
バラージ	110
バルジ	50、53
バンク・トゥ・ターン方式	98
バンナー標的	114
ビジュアル・オグメンター	114、115
ビッグ・スコードロン	146、148
ファイター・ウエポン・コース	141
ファントム・ウイング	140、142
フライトスーツ	118
フライング・ブーム方式	56、122
プローブ&ドローグ方式	54、56、122
ペタル扉	50
ヘルメット搭載型ディスプレイ	118
ベントラル・フィン	66
ホイスト	62、65
防衛庁技術研究本部	32、90、92
防衛力整備計画	12、13、88、121、122、146
防空識別圏	18〜20、24
補給本部	14、17
ポストストール・マニューバー	128

ま・や

マザー・スコードロン	137、138
ミサイル警報装置	64、66
翼面荷重	28、32

ら

ライト・スピード・ウエポン	130
リードコンピューティング・サイト	92
レーダー・リフレクター	116
レーダー警戒装置	38、39、64
レーダー反射断面積	40
レドーム	44、66、84、103
ロートドーム	44〜47、120
ロードマスター	164

サイエンス・アイ新書 発刊のことば

「科学の世紀」の羅針盤

　20世紀に生まれた広域ネットワークとコンピュータサイエンスによって、科学技術は目を見張るほど発展し、高度情報化社会が訪れました。いまや科学は私たちの暮らしに身近なものとなり、それなくしては成り立たないほど強い影響力を持っているといえるでしょう。

　『サイエンス・アイ新書』は、この「科学の世紀」と呼ぶにふさわしい21世紀の羅針盤を目指して創刊しました。情報通信と科学分野における革新的な発明や発見を誰にでも理解できるように、基本の原理や仕組みのところから図解を交えてわかりやすく解説します。科学技術に関心のある高校生や大学生、社会人にとって、サイエンス・アイ新書は科学的な視点で物事をとらえる機会になるだけでなく、論理的な思考法を学ぶ機会にもなることでしょう。もちろん、宇宙の歴史から生物の遺伝子の働きまで、複雑な自然科学の謎も単純な法則で明快に理解できるようになります。

　一般教養を高めることはもちろん、科学の世界へ飛び立つためのガイドとしてサイエンス・アイ新書シリーズを役立てていただければ、それに勝る喜びはありません。21世紀を賢く生きるための科学の力をサイエンス・アイ新書で培っていただけると信じています。

2006年10月

※サイエンス・アイ(Science i)は、21世紀の科学を支える情報(Information)、
知識(Intelligence)、革新(Innovation)を表現する「 i 」からネーミングされています。

SB Creative

サイエンス・アイ新書
SIS-380

http://sciencei.sbcr.jp/

航空自衛隊「装備」のすべて
「槍の穂先」として日本の空を守り抜く

2017年5月25日　初版第1刷発行

著　者　赤塚 聡
発行者　小川 淳
発行所　SBクリエイティブ株式会社
　　　　〒106-0032　東京都港区六本木2-4-5
　　　　電話：03-5549-1201（営業部）
装丁・組版　クニメディア株式会社
印刷・製本　株式会社シナノ パブリッシング プレス

乱丁・落丁本が万が一ございましたら、小社営業部まで着払いにてご送付ください。送料小社負担にてお取り替えいたします。本書の内容の一部あるいは全部を無断で複写（コピー）することは、かたくお断りいたします。本書の内容に関するご質問等は、小社科学書籍編集部まで必ず書面にてご連絡いただきますようお願いいたします。

©赤塚 聡　2017 Printed in Japan　ISBN 978-4-7973-8327-0